大学科普丛书

第二辑 付梦印主编

Dream of the Antarctic

筑梦南极

南极在向你招手

高振生◎著

科学出版社

北 京

内 容 简 介

本书作者从事南极考察管理工作十年（四下南极，三次担任考察队副队长、队长），他以亲身经历和感受，记录下南极考察的全过程，从队伍的组织和建设、人员的选调和训练、物资的筹备和运输、海上航行的安全到南极建站和科学考察，讲述科技工作者爱国敬业、拼搏奉献、执着探索、勇于创新的感人故事，为传承"南极精神"留下了宝贵财富。本书汇集大量一手的南极科考图片，时间跨越近40年，既有作者本人参与长城站和中山站建设时拍摄的第一手照片，也有其他考察队队员在科考站从事考察工作时拍摄的照片，具有重要的科学价值和收藏价值。2023年我国派出第40次南极科学考察队，2024年是我国极地考察40周年，本书的出版是向我国极地考察40周年的献礼。

本书集科普知识与趣味于一体，有助于读者开阔眼界、增长知识，激发勇于探索大自然的精神力量，适合青少年，以及富有探险精神的大众读者阅读。

图书在版编目（CIP）数据

筑梦南极：南极在向你招手/高振生著. -- 北京：科学出版社，2024.7.
（大学科普丛书/付梦印主编）. -- ISBN 978-7-03-078760-6

Ⅰ. N816.61-64

中国国家版本馆CIP数据核字第2024T8Y209号

丛书策划：侯俊琳

责任编辑：张　莉　金　蓉 / 责任校对：韩　杨
责任印制：师艳茹 / 封面设计：有道文化

科 学 出 版 社 出版

北京东黄城根北街 16 号
邮政编码：100717
http://www.sciencep.com

北京中科印刷有限公司印刷
科学出版社发行　各地新华书店经销

*

2024年7月第　一　版　开本：720×1000　1/16
2024年7月第一次印刷　印张：16 1/2
字数：200 000

定价：68.00元

（如有印装质量问题，我社负责调换）

"大学科普丛书"第二辑编委会

总　序

在 2016 年 5 月 30 日召开的"科技三会"上，习近平总书记强调："科技创新、科学普及是实现创新发展的两翼，要把科学普及放在与科技创新同等重要的位置。"①这是党和政府在全面建成小康社会、实现第一个百年奋斗目标进程中，对科学普及重要性的定位。之后的 2018 年 9 月 17 日，习近平在给世界公众科学素质促进大会的贺信中再次强调："中国高度重视科学普及，不断提高广大人民科学文化素质。中国积极同世界各国开展科普交流，分享增强人民科学素质的经验做法，以推动共享发展成果、共建繁荣世界。"②贺信中指出，做好中国科普工作对于推动构建人类命运共同体具有重大意义。

如今，我们完成了第一个百年奋斗目标，正在向第二个百年奋斗目标迈进，努力实现中华民族伟大复兴的中国梦。一个民族的崛起，是建立在科学技术充分发展的基础上的。科学技术的发展，不仅表现为高新技术的不断涌现，基础科学的日新月异，更重要的是表现为全民族科学素质的大幅提高。因此，科学普及是与科技创新同等重要但更基础的工作。只有坚持不懈地普及科学知识、推广科学技术、倡导科学方法、传播科学思想、弘扬科学精神，才能提高中华民族的整体科学素质，为科技创新提供持久的内生动力。随着中国日益走向世界舞台的中央，中国的科普事业将不仅惠及中华民族，也将惠及世界人民。

科普包含三个层面，一是知识和技术的普及，二是科学文化的传播，三是对受众科学精神的塑造。《大学科普》杂志秉承"普及科学知识 树立科学理念"的指导思想，强调"用文化普及科学""用科学塑造灵魂"。这

① 习近平.为建设世界科技强国而奋斗——在全国科技创新大会、两院院士大会、中国科协第九次全国代表大会上的讲话.北京：人民出版社，2016.
② 新华网.习近平向世界公众科学素质促进大会致贺信.http://www.xinhuanet.com/2018-09/17/c_1123443442.htm[2020-09-16].

种创新性的理念，使其更具人文内涵，也吸引了一大批关心和参与科普事业的专家学者，成为推动当前科普事业发展的重要力量。"大学科普丛书"就是这些专家学者科普成果的集中展示。

"大学科普丛书"由重庆市大学科学传播研究会和科学出版社共同策划出版，遵循普及科学知识为基础、倡导科学方法为钥匙、传播科学思想为动力、弘扬科学精神为灵魂、恪守科学道德为准则的宗旨，通过聚焦科学热点问题，集合高校科协科普优质资源，凝聚知名专家学者，秉承"高层次、高水平、高质量"的优良传统，发扬"严肃、严密、严格"的工作作风，以高度的社会责任感和奉献精神，精心组稿创作而成。

2020年5月"大学科普丛书"第一辑12种图书出版完毕，内容涉及多个学科领域，反映了当前的科技发展和深刻的人文思考，风格清新朴实，语言平实流畅，真正起到传播科学思想、弘扬科学精神、激发科学热情的作用，深受广大读者青睐。丛书面世后，不仅受到广大读者的欢迎和肯定，还获得多项国家级奖励和荣誉：如《极地征途：中国南极科考日记档案》入选中宣部主题出版重点出版物、国家出版基金项目，《动物世界奇遇记》获得全国优秀科普作品奖、中国科学院优秀科普图书奖，等等。

在总结第一辑经验的基础上，第二辑的图书将更多汇集来自高校和科研机构的优秀作者，以科学技术史、科技哲学、科学学、教育学和传播学等学科为支撑，将自然科学和人文社会科学深度融合，力求带给读者全新的科普阅读体验。

我们诚挚希望有更多热心科普事业的专家学者加入，勠力同心，共同推动大学科普事业的发展，以培养更多的具有深厚科学素养、富有创新精神的大学生，并借此探索一条全面提升中华民族科学素质、推动中国科技发展的新路径！

中国工程院院士
中国材料研究学会副理事长
重庆市科学技术协会主席
2020年8月31日

序　一

　　读完了《筑梦南极：南极在向你招手》书稿，心中升腾起一种感觉：这是一部溯源初始、吸睛夺目、内容丰富、实感生动、文字朴素的佳作，值得向广大读者推荐。

　　我没少拜读以南极为主题的科普作品，同时也悉知我的几位朋友近年来数次利用假期组织中小学生前往南极半岛游历，有些还踏访了位于乔治王岛（King George Island）上的中国南极长城站。但很少有人清楚早在1985年11月发生的故事，当时在北京举行了隆重的在南极设立"中国少年纪念标"的交接仪式。纪念标由星星火炬、万里长城、世界版图、大熊猫与企鹅友爱并立图案有机构成，象征着中国少年对南极充满无限向往与爱意。标名由时任国务委员兼国防部部长张爱萍题写。时任共青团中央书记处书记、中国少年先锋队全国工作委员会（以下简称全国少工委）主任李源潮宣布：为表达中国少年儿童对建立南极长城站的纪念和对人类和平利用南极的美好愿望，全国少工委决定在南极长城站设立"中国少年纪念标"。喜上加喜，时任国家南极考察委员会（国家海洋局极地考察办公室前身）主任的武衡当场宣告：将邀请两名少先队员赴南极参加纪念标揭幕仪式。多么难得的邀请，多么盛大的举动！

　　"中国少年纪念标"运抵南极长城站后，谁会成为被邀请并将与企鹅谋面的小客人？经过遴选，来自北京的杨海蓝同学和来自上海的吴弘同学幸运地被选中。他们从1986年1月5日起开始各自写日记，直至回国。1987年，他们二人的日记以《赴南极见闻——两个少先队员的日记》为名由中国少年儿童出版社出版。这是后话。他们万里迢迢到了南极长城站，1986年1月20日参加了"中国少年纪念标"的揭幕仪式。揭幕仪式上，先是升起鲜艳的五星红旗，继而升起星星火炬中国少年先锋队队旗，最后两位同学与南极长城站的考察队员叔叔们一起，揭开覆在"中国少年纪念标"上的幕布。自南极顺利返回祖国，德高望重的康克清打来电话向他们表示祝贺。迄今，"中国少年纪念标"仍是世界上唯一设在南极的少年儿童标志。

有人形容，1984～1985 年创建的中国南极长城站，1988～1989 年创建的中国南极中山站，是中国早期南极考察树起的两座丰碑。可以说，碑上就刻写着高振生和他队友们的光辉名字。在此期间，高振生先后三次任南极考察队副队长或队长，荣立二等功一次，一等功一次。他之所以首先在溯源上着墨，主要得益于他曾创作与出版过多部以南极为主题的科普作品，如《神奇的南极：冰原科学城》等，这部作品于 1996 年荣获第三届全国优秀科普作品一等奖。不忘初心，方得始终。作者深知杨海蓝、吴弘当年的南极之行是中国青少年关注南极的起点，对读者永远具有磁石般的吸引力。为了还原这段珍贵的历史，并让这个起点永放光芒，他费尽周折挖掘历史，找到行动策划者——北京大学附属小学原大队辅导员王燕海、王丽萍老师了解详情，并找到为两位小同学拍下珍贵照片的已退休多年的新华社高级记者孙国维。由此，近 40 年前的画面重新浮现，生动的故事得以延伸，为本书增色颇多。

实践出真知。南极风大，酷寒，干燥，要保证考察队员能常年进行科学考察，顺利度过极昼与极夜，住得安全与舒适，建造好防风、防雪、防火的站房是关键。但凡到过南极者，泛泛地写风的呼啸、雪的迷蒙、冰的无尽并不难，但要说清楚站房基础钢梁高架为何是那个高度，什么样的墙体材料才具有保温功能，何种地毯能起到阻燃作用，固化站房的千万颗螺栓怎样才不会变成"冷桥"，等等，并不容易。这样不仅作者能够说得明白，而且读者对他以及他写下的东西会拥有强烈的信服感。为何？ 1992 年 3 月，作者获得北京市人民政府颁发的北京市科学技术进步奖一等奖，获奖项目是"中国南极中山站房屋设计与研究"。这种权威性与专业性，恐怕很多南极考察队员也不具备。

一次远征南极，得到的认知有限。二次三次置身南极，获得认知更为全面，四次则向纵深发展。高振生恰恰四次远行南极。据知，他平时除了伏案疾书，还经常登上中小学讲坛，用他那地道的北京话，快乐而又诙谐地给孩子们普及极地科学知识。书中所列要目，如南极什么样？南极有什么？南极有哪些资源？为什么要去南极？怎样去南极？危险何在？……这些都是学生们经常会问起，而他会快速又准确地给予解答的热点问题。至于考察站是什么样子，考察站是怎样建设起来的，更是他熟知并给予有效回答的内容。

记得 1989 年 3 月 10 日，完成创建中山站任务的"极地"号，载着队员航行在印度洋上，向祖国方向行进。我作为高振生队友，对他作了一次专访。他说得最有力量的一句话至今萦绕在我的脑海："我就不信建不成中山站！"他说这句话的背景是，"极地"号万吨级考察船到达南极普里兹湾，先是被困在冰区长达半个月。1989 年 1 月 15 日，艰难地航行到距岸约 400 米处，又遇到特大冰崩。座座冰山如航母般位移，冰排荡着海水哗哗涌动，险些船毁人亡。考察船陷在海湾期间，具体负责指挥建站的高振生向时任考察队队长郭琨表示，给他一个月时间，他能让中山站崛起于南极大陆。此时距离考察船返航仅剩一个月余。他与队友们拼死拼活，终于建成了中国南极中山站，实现了当年建站当年越冬的伟绩。

这就是高振生，从不惧命运的挑战。1998 年因工作需要，他离开南极考察工作岗位，被国家海洋局委派到广西壮族自治区钦州市担任副市长，主管科技工作。2000 年他获得"自治区有突出贡献科技副职"称号。回到北京，他又被委任国家海洋局海域管理司巡视员、国家海洋局海域勘界办公室主任，同样干得扎扎实实，佳绩频出。

对南极，他依然有着很深的情结。他知道，中国南极考察事业要发展要壮大，其水平与欧美等国家和地区并驾齐驱，还要靠我们的南极后备军——青少年们。出于这一考虑，他以极其负责的态度着力构思与创作，力图继续将精品奉献给广大读者。读了案头这部图文并茂的书稿，我认为他做到了，相信会受到广大读者的欢迎。

2020 年秋，高振生首次召集在京的曾参与创建南极中山站的队友聚首联谊，得到包括著名演员张国立等在内的所有队友的大力支持与响应。这表明虽然 30 多年时间过去了，但他的感召力与凝聚力毫不减弱。这次他嘱我为本书作序，我开始有些犹豫，后来我觉得这是队友间难得的信任，才有了写作的勇气。

张继民

2023 年 1 月

张继民，新华社高级记者、国务院政府特殊津贴获得者。他曾探险"地球三极"〔南极、北极、珠峰（珠穆朗玛峰）的合称〕、南沙群岛、塔克拉玛干大沙漠、雅鲁藏布大峡谷。探险南极时荣立二等功。发现和确认雅鲁藏布大峡谷为世界第一大峡谷，成为世界第一大峡谷的发现者之一。获首届"中国十大当代徐霞客"称号的他，亦曾数年担任中宣部新闻阅评员。

序 二

　　我的南极考察队队长高振生写的《筑梦南极：南极在向你招手》一书即将出版，我很感动。高队长是把一生奉献给国家南极科学考察事业的中坚力量。我有幸在他担任中国首次东南极考察队副队长期间成为一名考察队员。想当年，我们都还年轻，和他一起肩负国家使命，让五星红旗飘扬在了南极普里兹湾，让中国在南极之地有了大国地位。

　　回国之后，我们很少联系了，直到中央电视台录制节目《走在回家的路上》时，编导让我谈及我人生中的几个重要节点，我说：南极之行是我成长路上最为重要的一个节点。没有想到，在录制现场，节目组请来了我南极考察队生死与共的战友们。当看到已经退休的老队长高振生时，我像当年一样给他敬礼向他报到。之后，在庆祝中国首次东南极考察队出征 32 周年的纪念会上和战友们重逢，我和高队长闲聊，他没说我们曾经经历的艰辛，以及党和国家给予我们的荣誉。他说得最多的，不是当年的英勇果敢，而是要过好退休生活，不给组织添麻烦，在家带好孙子。这些让我感慨万千，我们都老了……

　　今天我才知道他从未退休，他依然年轻。他把青春和热血挥洒在南极那块冰封之地，把自己的精力和热情的种子种在了南极。他一定是在给孙儿们讲自己在南极的故事时，萌发了写书的念头，这个念头让远在南极的种子生发……

　　《筑梦南极：南极在向你招手》是一本有意思的、有意义的书，我在此真诚地向读者推荐。

张国立

2023 年 3 月

张国立，中国首次东南极考察队队员、国家一级演员。

目　录

缘　起

　　上小学的孙子的一次小测验中有一篇涉及南极长城站创建内容的阅读和理解的文章，他没答好，就去问爸爸，他爸爸说："你爷爷是中国第一次创建南极长城站和中山站的有功人员，你还不赶紧问你爷爷去！"

　　孙子跑来问："爷爷你去过南极，南极在哪里？南极是什么样子的啊？南极有什么啊？为什么要去南极？……"

　　孙子一连串的追问，触动了我的心灵，深思良久，虽然我离开南极事业将近 30 年，但是我一直对南极有着特殊的情愫，当年创业的一幕幕，深深刻印于我心。为什么不趁着现在还能动笔的时候，把我所经历过的、感受过的写出来呢？思忖再三，我决定试一下。这样既能给青少年普及一下南极知识，还可以把当年中国人在南极艰苦创业的精神展现出来，让"南极精神"薪火相传，不断绽放，结出新的硕果。

第一章

南极什么样?

// 第一节　南极的范围

要想了解南极、认识南极，就要先弄清"南极"这两个字的含义。有人认为南纬 90 度和所有经线交会的那个特异点叫作南极，也就是地球仪最下方的那个顶点，或者说是地球自转轴与地球表面的那个交点，这是地理学上所称的南极点。这个点又有很多有意思的特点，如有一年的高考试卷曾经有这样一道题：世界上在哪里建一座房子四面都朝北？答案就是在南极这个点上盖一间房子，它一定四面都朝北。在南极这个特异点上，美国考察队员建有一个标志，即人围着这个标志走一圈就等于绕地球一周了，比飞机、火箭绕地球一周还要快！什么是南极点？举一个更形象的例子：假设你和另一个人从南半球上任何一个地点出发，都朝正南的方向前进，那么你俩之间的距离就会越来越近，最终将会合在一个点上，这个点就是南极点，也就是南纬 90 度。当你站在南极点上，无论朝哪个方向走，都是在朝北走，所以在南极点，谁都不会有"找不着北"的感觉。

也有人认为南极那块白色的 1400 万平方千米的大陆叫作南极。这块白色大陆的面积相当于中国国土面积的约 1.45 倍，是中国和印度国土面积之和，相当于约 37 个日本的国土面积。

更多的人认为，广义上的南极还包括南极大陆周围的海域，也就是说，南纬 66 度 30 分以南的 3800 万平方千米的海洋也应该算在南极范围，这样算，广义上的南极面积有 5200 万平方千米。

▶ 在南极点合影（秦大河供图）

　　地理概念上的南极点是固定不变的，设在南极点的标志却在悄悄地移动，但它和南磁极点的移动有着本质的区别——南磁极点是本质上的移动。南极点是地表上的标志在移动，设在南极点上的标志以每年大约 10 厘米的速度在移动。这个标志的移动是由南极冰盖的移动造成的，为了准确起见，科学家在每年的元旦这一天，都要对真正的南极点重新测量一次，并且建立新的标志。如果你有机会站在这个点上，就会发现以往设立的旧标志井然有序地矗立在你的身边。

　　为什么说南磁极点是本质上的移动呢？南磁极点是指南针所指的方向，20世纪 70 年代后期，南磁极点已经距离南极点 1100 千米远了，这时南磁极点靠近南纬 66 度、东经 139 度的海岸之外了。科学家研究后认为，南磁极点每年以8000 米的速度在移动，因此说南磁极点不是固定不变的。

▶ 在南极冰盖上的南极圈标志（李航摄影）

　　有意思的是，无论一个人来自哪个时区，去往南极时由于一直向南，所以当大家集中到南极点时，都说自己的手表时间是最准确的。在南极点采用什么时间的确是一个难题，因为在这个点无论采用全世界 24 个时区中的哪一个时区作为南极点的时间应该都是对的。那么，南极点到底应该采用哪个时区呢？我国科学家秦大河在《大穿越：秦大河南极科考行记》一书中写道："我们考察队全体于智利彭塔时间是 12 月 11 日下午 5 时到达南极点。极点使用的是新西兰时间，为 12 月 12 日上午 9 时。"从这段叙述中可以看出，南极点使用的时间是新西兰时间，属于东 12 区。但是也有报道说南极点使用的是国际标准时间，即格林尼治时间。如果你在南极点的考察站生活一年，就像过了一天一样，因为在这个点上是半年黑天、半年白天。所以，南极的季节也被科学家习惯地划分为冬季和夏季，也有人称之为寒季和暖季。

　　应美国政府的邀请，国家南极考察委员会办公室原副主任高钦泉与国家海洋局第一海洋研究所助理研究员张坤诚于 1985 年 1 月 11 日登上南极点考察访问。

他们是我国政府第一次派出的前往南极点考察的科学工作者。

▶ 在位于南极点的美国考察站门口留影（张坤诚供图）

▶ 门口的字是 UNITED STATES WELCOME YOU TO THE SOUTH POLE
（中文意思是"美国欢迎您来到南极"）（张坤诚摄影）

　　1989 年初由美国和法国联合发起，组建了一支考察队，准备完成人类历史上第一次徒步穿越南极大陆的伟大创举，这支考察队由中国、美国、苏联、英国、法国 5 个联合国安全理事会常任理事国和日本各派一名成员组成。秦大河代表中国加入了"1990 年国际穿越南极考察队"。该考察队遵循"合作、和平与友谊"的精神，以此唤起国际社会对地球上最后一块原始大陆的珍爱和关注。

　　1989 年 7 月 28 日，秦大河和其他队员从南极半岛的顶端出发，由西向东开始了他们艰险的征途。有时一天只能前进 2000 ～ 3000 米。在考察队里，只有秦大河和苏联的队员带有科学考察任务，因此他俩比其他人要付出更多的劳动和艰辛。该次南极之行，秦大河共采集了 800 多瓶雪样，圆满完成了考察任务。1990 年 3 月 3 日，"1990 年国际穿越南极考察队" 6 名成员历时 7 个多月，跋涉 5896 千米，终于到达了苏联和平站。这是南极考察历史上一次具有重大意义的伟大胜利！秦大河也是中国政府派出的到过南极点的第三人。

　　1989 年 12 月 12 日，秦大河（左三）等在南极点升起五星红旗（秦大河供图）

▶ 抵达终点站和平站（右一为秦大河）（秦大河供图）

　　随着世界经济的发展和人民生活的富足，旅游成为热门项目。南极点充满了神秘感，它还是到达人数最少、逗留时间最短的旅游胜地，因此到南极点旅游成为无数旅行爱好者或探险家的终极梦想。需要提醒大家的是，这样的旅行是充满风险的，需要签署"风险协议"。我国每年大约有 10 人到达南极点。

▶ 秦大河在南极点（秦大河供图）

// 第二节　冰雪之极

▶ 大海中漂浮的冰山（陶丽娜摄影）

　　南极大陆在地图上被标成白色，是因为它积存着厚厚的冰雪，就好像一顶大帽子扣在了上面，南极大陆平均的冰雪厚度为 2300 米，最厚的地方达 4800 米。南极的淡水总储量占世界淡水总储量的 72%，南极也因此被称为"冰雪之极"。

▶ 从冰盖上断裂下来的冰山（马靖凯摄影）

假设南极的这些冰雪都融化了，世界海平面将因此上升 55 米。这是一件多么恐怖的事情啊！由此可见，在全球气候变暖的今天，保护环境是多么重要。大家赶快想想，或者查阅一下你所在地区的海拔高度是多少。

// 第三节　风　极

　　人们常常称南极为"风极"。一提起风，去过南极的人都为之色变，在人类200多年的南极考察历史上，考察队员的罹难、飞机的失事、考察船的沉没大多数都是由大风造成的。法国的迪蒙·迪维尔（Dumont d'Urville）南极考察站1978年实测到96米/秒的风速，而人们常听说的12级台风的风速也只有32.4～36.9米/秒，仅仅约是南极最大风速的1/3。澳大利亚在近30年的南极考察中被摧毁的直升机就达10架之多，其中有11人被暴风雪卷走，迷失方向后被冻死在冰原。1960年10月10日在南极的日本昭和站，有一位考察队员在喂狗时，被突起的35米/秒的大风刮走了，7年以后才在4000米外发现他的尸体。

　　　　　　　　　　　　　　▶ 风化后的岩石（张继民摄影）

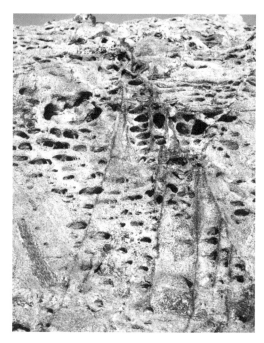

千疮百孔的岩石（张继民摄影）

风雕雄鹰展翅（张继民摄影）

// 第四节　寒　极

南极的气候奇寒，因此人们常常称之为"寒极"。

1983 年 7 月 22 日，苏联东方站实测到 −89.2℃的最低气温。我国的昆仑站在 2005 年 7 月 27 日测得 −82.3℃的气温。此时如果将烧开的热水向空中泼去，热水立刻就会变成冰。就整个南极来说，年平均气温为 −25℃。

› 烧开的水泼出去即刻成冰（程艳丽绘画）

　　风、雪、寒构成了南极的三大特点。当然南极还有很多不为人知的特点。比如，南极是人类最晚发现的大陆，也是世界上唯一没有土著居民的大陆。南极空气清新，在那里生活的考察队员一般不会得感冒，因为感冒病毒及一般致病菌难以在此存活。除此之外，南极的有些特点还不太容易被人们理解。比如说，南极是世界上积雪最多的地方，可它又是世界上降水最少的地方，因此说南极是世界上最干旱的地区。科学家把南极称为"白色沙漠"，之所以这样说是有科学依据的，南极内陆地区的年平均降水量仅 50 毫米，比世界著名的撒哈拉大沙漠的年平均降水量还要少。南极的降水大部分集中在沿海地区，其降水量也不超过 500 毫米。

　　南极环境如此恶劣，但为什么 200 多年来吸引着世界各国和地区的人纷纷向南极挺进，而且不惜重金在那里设立基地呢？

▶ 南极景色（金蓉供图）

第二章

南极有什么？

// 第一节 企 鹅

南极有什么呢？很多人一定会异口同声地高喊：企鹅！那我想问问你们知不知道企鹅是一种不会飞的鸟，还是海中的游泳冠军。

从形态上看，企鹅基本上是一样的，整个身体如梭，呈流线型，后背披黑色的"燕尾服"，腹前搭配着白色的"衬衫"，翅膀演化成鳍形，双腿短小，趾间像鸭子的脚一样有蹼，尾巴既短又小呈扇面形，行走起来，步履蹒跚，左右摇摆，速度非常慢。一旦遇到意外袭击，企鹅就会利用地形采取腹部着

▶ 永久性的"居民"帝企鹅（陶丽娜摄影）

▶ 准备下水的企鹅（陶丽娜摄影）

地的方式，趴在雪地上，用尾巴当舵，用两只脚和两个翅膀来划行，不顾一切地向大海边冲去，一旦跳到海里，它就如鱼得水一般。企鹅的游泳速度可称为海中之冠，时速可达40千米左右。它还可以时不时地跃出海面表演腾跃，跳起的高度接近两米。不仅如此，企鹅还能从高高的冰山上来一个"高台跳水"，以优美的造型非常潇洒地潜入海底，这时的潇洒和在陆地上笨拙的形象形成了鲜明的对比。

// 第二节　企鹅的变化

关于企鹅，科学家一直在进行深入的研究和探讨。目前比较一致的看法是南极大陆来源于冈瓦纳古陆，是冈瓦纳大陆在分裂、解体、漂移的过程中形成的独立陆地。即南极大陆在漂移的过程中，原本就生长在这块陆地上的企鹅，也就伴随着陆地的漂移来到了南极。随着南极大陆的"与世隔绝"，企鹅想飞也飞不回"老家"了。原来茂密的森林、鸟语花香的环境不见了，取而代之的是厚厚的白雪、寒冷的气候。为了适应这变化了的环境，企鹅也就入乡随俗地进行了"脱胎换骨"式的改造。原来宽大的翅膀退化了，修长的身躯变得既矮又胖，为了抵御酷寒，企鹅的羽毛日渐丰满、细腻。岁月更替，日月如梭，企鹅成了南极唯一的"土著居民"，也成为南极的象征。

帝企鹅和幼崽（陶丽娜摄影）

// 第三节　企鹅的种类

　　南极地区主要有 7 种企鹅，分别是帝企鹅、阿德利企鹅、帽带企鹅（又名南极企鹅）、金图企鹅（又名巴布亚企鹅）、王企鹅（又名国王企鹅）、喜石企鹅和浮华企鹅。有一个很有意思的现象：因物种不同，这些企鹅在南极的栖息地也不同，如"物以类聚，人以群分"一般。每一片企鹅营地，都是同一物种的企鹅，绝没有混居的现象。比如帝企鹅之所以称它为"帝"，主要是它是企鹅之冠，身高可达 1.4 米，体重可达 4 千克，身披绚丽的羽毛，脖子上系着黄色的"领花"，在阳光白雪的映衬下显得仪表格外端庄，难怪科学家把它称为企鹅中的"贵族"。虽然南极地区的企鹅物种不多，数量却大得惊人，有 1 亿只以上。

▶ 金图企鹅（陶丽娜摄影）

▶ 阿德利企鹅（陶丽娜摄影）

▶ 喜石企鹅（陶丽娜摄影）

▶ 帽带企鹅（陶丽娜摄影）

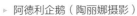

// **第四节　企鹅为什么能耐低温？**

也许有人会问：企鹅为什么能如此耐低温呢？这个问题也是科学家非常感兴趣和潜心研究的课题。经过长期研究，各国科学家对此基本取得了一致的认知。观察企鹅厚厚的羽毛，科学家惊奇地发现，企鹅的羽毛分为里外两层，外层就像一件长毛绒大衣，组成这件"大衣"的每一根羽毛都是细长的管状结构；内层是企鹅的贴身"小棉袄"，由非常纤细的绒毛组成。企鹅的这两件"衣服"非同寻常，它们既能抵御冷空气的入侵，又能防止体内热量的散失。科学家发现，企鹅表面的羽毛温度基本接近周围环境的温度，所以有时看到企鹅后背上的雪花非但不融化，反而越积越厚，原来这些雪花是保护企鹅体温的又一床"压风被"。所有这些也许就是企鹅在南极能够生存下来的根本原因吧！

生物学家解剖企鹅后还发现，企鹅皮下脂肪的厚度一般都不少于 4 厘米，有的还会更厚一些，这也是雄企鹅能度过长达两个月孵化期的重要原因。经过对企鹅孵化期的考察研究发现，雄企鹅之所以能在两个月的孵化期不吃不喝，消耗的全部是自己厚厚的脂肪，度过孵化期后的企鹅脂肪要减少 90% 左右。另外，企鹅是温血动物，其体温可以保持在 37℃左右。这些都是企鹅能耐低温并适应低温酷寒环境的生理机能。

▶ 企鹅身上密不透风的"羽绒服"（陶丽娜摄影）

// 第五节　企鹅怎样传宗接代?

　　企鹅的耐寒能力大家都知道了，可能很多人会问：企鹅在 -40℃的环境中怎么产蛋？又怎么能孵出小企鹅呢？不但你们会提出这样的问题，这也是科学家们着迷的研究项目。我们都知道鸡蛋只有在一定的温度下才能孵出小鸡，要孵出小企鹅不也是同样的道理吗？可是企鹅生活在冰天雪地的南极，那里气温很低，要保持能够孵出小企鹅的温度，可不是一件容易的事情。科学家们经过观察和研究发现，在南极的帝企鹅中，雌企鹅产蛋后，便会把蛋交给雄企鹅，雌企鹅就会不顾一切地奔向海边去觅食。因为，雌企鹅在产蛋过程中消耗了大量的体能和热能，早已饥肠辘辘。雄企鹅接过蛋后，俨然一位伟大的慈父，只见它双脚并拢，用嘴把蛋滚到自己的脚背上，目的就是不让蛋直接接触地面。然后，它充分利用自己大腹便便的特点，用腹部皱皮把蛋盖上，真如同一床鸭绒被一样，给未来的小宝贝制造出一个温暖舒适的窝。

　　在孵化的季节，为了减少散热，成千上万的雄企鹅都会背风而立，肩并肩地排列在一起，它们就像等待检阅的士兵一样，一动不动，不吃不喝，一直要坚持 60 天左右。那阵势、那场面，蔚为壮观。当雌企鹅吃饱喝足、养精蓄锐后，想起了它的丈夫和后代，就一定要回到它们身边。无论雄企鹅在哪里，雌企鹅凭借鸟类自身所特有的"磁罗盘"，都会准确地找到自己的丈夫，这时小企鹅也破壳而出，雌企鹅便开始接过养育后代的重任。它要在大半年的时间里抚育小企鹅，帮助其独立。这时，几乎饿昏了的雄企鹅，就会连滚带爬地扑向大海，去寻找美味的南极磷虾和鱼类（主要为侧纹南极鱼），补充这两个月左右的时间中所失去的营养，很快就可长出因抵御风雪严寒以及在孵化小企鹅的过程中所失去的脂肪。

▶ 雄企鹅在孵蛋（陶丽娜摄影）

在企鹅中，并不是所有的企鹅都是只由雄企鹅孵蛋的。比如在南极分布最多、最广的阿德利企鹅每次产两枚蛋，然后把蛋交给丈夫，自己便下海觅食。雄企鹅接过蛋后认真地守护着夫妻爱情的结晶，直到雌企鹅吃饱喝足返回后，开始由雌企鹅孵蛋，孵蛋期一般也需要两个月左右。也就是说，阿德利企鹅是由雌企鹅最终完成孵蛋的。金图企鹅的孵蛋任务是先由雄企鹅后由雌企鹅完成的，执行的是夫妻轮换制，每隔 1 ～ 3 天换班一次。因为金图企鹅要 7 ～ 8 个月才能孵出小企鹅，所以不采取轮换制是不可能完成传宗接代的任务的。

▶ 企鹅是这样喂食的（陶丽娜摄影）

// 第六节　企鹅"幼儿园"

　　讲了这么多有关企鹅的故事，更有趣的是在企鹅这一群体中还有"幼儿园"呢！也许你会感到莫名其妙，或者觉得有点不可思议，但当你来到南极，就会目睹这一切，并且相信这是不可否认的事实。几只大的帝企鹅和雌企鹅一起，俨然是威武的哨兵，用警惕的眼光扫视着周围的一切。这种情况往往出现在小企鹅孵出一个月左右，此时小企鹅已经能够独立行走，并且可以外出游玩，父母为了给它们提供更多的营养，就要外出去寻找新的食物。同时，为了小企鹅能够尽快地成长，学会自立，父母就把它们交给几只大企鹅看管。

▶ 企鹅"幼儿园"（陶丽娜摄影）

这样，就形成了企鹅"幼儿园"。在这个"幼儿园"里，南极考察队员从没有看到过小企鹅到处乱跑的现象，它们都活泼可爱，并且非常听话，很耐心地等待着父母来给自己喂食。一般来说，小企鹅破壳后 3 个月左右就可以远离父母独立生活了。

▶ 蔚为壮观的企鹅"幼儿园"（陶丽娜摄影）

第三章

南极有哪些资源？

// 第一节　矿产资源

南极对人类来说更富诱惑力的是矿产资源。随着对南极考察的不断深入，南极的资源逐渐被全世界所认知，同时也引起了各国政府的高度关注。在南极大陆发现储量最大的是铁矿。1966 年苏联地质学家在南极的查尔斯王子山脉南部发现了 70 米厚、200 多千米长的带状磁铁矿，含铁量高达 58%。仅就这一发现来说，其储量就足够全世界使用 200 年了。1977 年美国科学家采取航空磁测的方法，在苏联地质学家发现的基础上又延伸了数百千米。如果事实是这样的话，储量不就更加可观了吗？同样，南极的煤、石油、天然气储量都十分可观。截至目前，在南极发现的还有铜、金、铅、镍、钴等 200 多种矿产资源。由此可见，南极大陆的资源非同一般。正像科学家所分析的那样，南极大陆本来就和其他大陆以及印度次大陆是连在一起的。根据地球构造演化的相似性，用其他大陆矿产资源的分布来推算南极大陆的资源，所得出的结果令人非常振奋。地质学家得出的一致认识是：南极大陆的矿产资源与冈瓦纳古陆和其他陆块的矿产资源相比是不会逊色的。

1973 年执行深海钻探计划的美国钻探船在罗斯冰架外的大陆架区 4 个站位上进行钻探，旨在研究那里沉积物的沉积史。因此，所选的钻探站位有意避开了过去从海洋地球物理研究角度认为的沉积地层可能有含油构造的区域。然而，这 4 个钻孔中有 3 个仅钻到 45 米深时就喷出了大量的天然气。为了使烃类不再外溢，以保护南极的自然环境免受污染，他们不得不马上用水泥将井口封住。尽管美国严加保密，这一消息还是不胫而走，人们推测罗斯海盆可能储有重要的烃类化合物资源。特别是上述 4 个钻孔都避开了很有可能蕴藏着烃类化合物的沉积层，这不能不让人们更加关注南极大陆周围海域的石油资源。

　　根据近 20 年在南极大陆周围海域的海洋地质和地球物理调查的资料，科学家认为在南极大陆周围海域可能存在油气资源的沉积盆地有 7 个，分别是威德尔海盆、罗斯海盆、普里兹湾海盆、别林斯高晋海盆、阿蒙森海盆、维多利亚地海盆、威尔克斯地海盆。科学家估计，南极洲大陆架所蕴藏的石油储量可能达到百亿桶的数量级。

// 第二节　淡水资源

▶ 从飞机上看南极大陆上的冰盖一隅（李航摄影）

　　面积达 1400 万平方千米的南极大陆，95% 以上常年被冰雪所覆盖，形成一个巨大且厚实的冰盖。南极洲的冰雪总量约为 2700 立方千米，占全球冰雪总量的 90% 以上，储存了全世界 72% 的可用淡水。有人估算，这一淡水量可供全人类使用 7500 年。可以说，南极洲是人类最大的淡水资源库，而且其冰盖是在 1000 万年前形成的，没有受到任何污染，水质非常纯净。如果用南极的冰制成饮料，毫不夸张地说，它将是世界上最纯净、最清冽的饮料。

　　除了大陆冰盖以外，南极大陆周围的海冰数量也相当可观。漂浮的冰山总量达约 22 万座，总体积约 18 000 立方千米。有记录的世界上最大的冰山，长 333 千米，宽 96 千米，面积达 30 000 多平方千米，比整个比利时的国土面积还大。

　　世界上一些淡水不足的国家，特别是非洲一些干旱国家，以及澳大利亚、智利、巴西等南半球国家，都在研究开发利用南极冰山的可能性与技术

▷ 海冰（黄文涛摄影）

▶ 冰山（陶丽娜摄影）

方法。沙特阿拉伯的科学家曾设想将南极冰山拖运到沙特阿拉伯，除了技术问题外，有人对此项目的费用进行了测算，估计投资应为 100 亿～500 亿美元。因此，鉴于技术问题和巨额投资，截至目前，开发南极淡水资源还只停留在纸上谈"冰"。但是，随着现代科学技术的飞跃式发展，以及世界淡水资源的需求量与日俱增，我们有理由相信，南极冰山造福人类的日子不会太遥远。

// 第三节　海洋生物资源

在南极发现生物资源之后，金钱欲望很快就压倒了科学探索。逐利的商人和航海家不惜扬帆万里前往南极，大肆猎捕海豹和鲸。这是人类开发南极资源的开端，从这个意义上来说，人类对南极资源的兴趣始发于海洋生物资源。

在南极生物资源中，最具有经济价值的当属磷虾以及冰鱼、犬牙鱼等南极鱼类。

虽然名字里有"虾"，磷虾却是隶属于磷虾目的动物，不同于我们常见的虾类（十足目）。虽然体型不大，但磷虾有着很强的游动能力，在深海大洋之中昼夜迁移。为了适应深海的生活，它们还有着独特本领——发光器可以发出幽蓝的生物磷光，这也是它们得名的由来。

▶ 磷虾（高振生供图）

▶ 刚刚打捞上来的磷虾（刘阳摄影）

南极栖息的磷虾共有 8 种，其中数量最多、体型最大的南极大磷虾的成虾体长为 45 ～ 60 毫米。每年的 11 月到第二年的 3 月，磷虾便开始有规律地进行集群活动，这时也是进行捕捞的绝好时机。磷虾有很高的营养价值，含有人体所需的 8 种必需氨基酸，组成比例符合优质蛋白的推荐模式。

> 南极大磷虾（张弛供图）

据科学家估计，南极周边海域的磷虾资源量为 3 亿～ 5 亿吨，是世界上储量最大的单物种生物资源。但磷虾的开发绝非易事，作业渔场路途遥远，气候环境恶劣，对船舶的状况和船员素质要求很高。磷虾富含的多酚氧化酶、蛋白酶、脂肪酶等内源酶活性很高，捕获后会迅速降解虾体，使虾肉出现自溶现象。磷虾壳中高含量的氟元素也要求及时处理捕获后的磷虾，以免影响风味及食用。我国自 2009 年开始了南极磷虾探捕，先进的工业能力打造的新型渔船很快保证了磷虾的捕捞、加工一体化流程，目前捕捞量约占全球捕捞量的 1/4，各种磷虾制品走进千万百姓家。

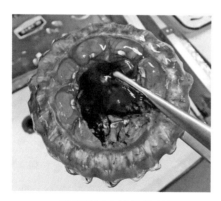

> 礁环冠水母（刘阳摄影）

南极周边海域有相当多的浮游生物，鱼的种类却很少。在世界上已经发现的 34 000 多种海洋鱼类中，南极周边海域只有 200 多种。其中侧纹南极鱼是唯一整个生活史都发生在海表层的种类，它们在冰架或薄的冰层下产卵，仔鱼孵化后随海流漂移、遍布南极周边海域。侧纹南极鱼是南极近海生态系统中最重要的鱼类，连通了整个食物网，其生态价值不逊色于磷虾。

▶ 侧纹南极鱼（刘阳摄影）

南极鱼类的个头都比较小，多数种类的体长不到 25 厘米，只有南极犬牙鱼体长可达 1.8 米，体重达 70 千克。南极冰鱼的血液不是红色而是透明无色的，这是因为它们体内没有血红蛋白。

▶ 尖头裸龙螣（昵称狐狸鱼）（张弛供图）

南极周边海域鱼类资源的开发早已在进行，苏联于 1978 ～ 1989 年曾系统捕捞侧纹南极鱼，总产量 5000 余吨。由于南极鱼类的生长速度慢、个头小、产量低，所以过度捕捞极易破坏这些资源。因此，继 1964 年颁布《保护南极动植物议定措施》之后，1980 年，《南极条约》协商国通过了《南极海洋生物资源养护公约》，完善了对南极海洋生物实行全面保护的法律措施。

　　除捕捞直接利用南极鱼类资源外，冰鱼抗冻蛋白的发现，也引起了科学家的广泛兴趣，促进了对南极鱼类功能的研究。鱼类生理学的研究结果表明，一般鱼类在 −1℃时就被冻成"冰棒"了，但冰鱼在更低的温度下仍能若无其事地四处游动，这是因为其血液中有一种特殊的生物化学物质——抗冻蛋白在起作用。随着科学家对抗冻蛋白的研究不断深入，对其结构的解析和应用取得了长足进展，使其在食品、农业、医药等领域具有良好的应用前景。

▶ 令考察队员又爱又恨的贼鸥（黄文涛摄影）

▶ 洁白的南极雪鹱（刘旭颖摄影）

　　同鱼类资源一样，南极鸟类的种类虽然稀少，数量却相当可观，约占世界海鸟总数的 18%，堪称飞鸟的天地。南极鸟类主要分布在南极大陆沿岸和辐合带南北的岛屿上，以磷虾等海洋生物为食，在海洋食物链中起着重要作用，是南极海洋生态系统研究的重点对象之一。

　　南极是海豹的重要栖息地。南极地区有 6 种海豹，约 3200 万头，占世界海豹总数的 90%。海豹属于鳍脚目哺乳动物，躯体呈流线型，皮毛短而光滑，抗风御寒能力强。它既可以在水中生活，又可以登陆栖息，以海洋生物为食。海豹善于游泳，长于潜水，主要分布于南极大陆沿岸、浮冰区和某些岛屿周围海域。

　　从 18 世纪 70 年代开始，南极海豹就遭到了血腥屠杀，它们被炼成油脂源源不断地运往许多国家和地区，狂捕滥杀导致南极海豹的数量急剧减少，其中毛海狮甚至几乎绝迹。为保护南极海豹资源，1972 年，《南极条约》协商国起草并通过了《南极海豹保护公约》，并于 1978 年 4 月正式生效，至此，大规模捕杀海豹的现象才得到了根本遏制。

▶ 南极海豹（高振生供图）

鲸是南极重要的生物资源之一，分为须鲸类和齿鲸类两大类，有 16 种之多，现存大约 100 万头。

▶ 南极虎鲸（傅炳伟摄影）

每当南极的盛夏来临，南半球的巨鲸就纷纷南下，使南极周边海域成为鲸的海洋。鲸在南极周边海域的分布比较广泛，几乎南极辐合带以南都有它们的身影。

受利益驱动，早在19世纪，人类就开始大量捕杀南极鲸了。第二次世界大战前夕，鲸的年捕获量达45 000头以上，达到了人类猎捕南极鲸的巅峰。20世纪50年代，南极周边海域成为世界鲸类的猎捕场，其年捕获量占世界的70%。

为保护鲸资源，1972年，100多个国家和地区联手吁请全世界暂停捕鲸10年，这一倡议得到了大多数国家和地区的坚决支持，目前，大多数国家已基本停止捕鲸活动。

// 第四节　生机勃勃的白色世界

人们都知道，南极气候寒冷、干燥、日照少、生长季节短，这就限制了植物的生长。但科学家不这么认为，生物学家经过长期考察发现，南极能够开花的低等植物有三种，都集中在南极半岛的北部以及南极大陆周围具有海洋性气候的岛屿上。

这三种开花植物的南界，一般都没有越过南纬64度。它们都是草本植物，一种叫垫状虎耳草，另外两种是发草属植物。这三种开花植物都属多年生植物，花期长，生长周期和生命周期也长。

除了目前发现的这仅有的三种开花植物外，在南极很难再找到高等植物了。南极分布最广、生命力最强、种类最多的就是地衣了。地衣是菌类和藻类共生的、以特殊的营养关系结合在一起的复合植物，主要分布在南极的"绿洲"和时有冰雪覆盖的岩石表面，甚至在南纬86度的露岩上也有它们的踪迹。这些地衣有的呈扁平状，水平生长，叫作叶状地衣；有的呈直立灌木状，分成枝形，叫作枝状地衣；有的紧贴在岩石上，呈金钱状，叫作壳状地衣。数量有数十种，最高的地衣也就 10 厘米，矮的仅有几毫米。地衣的生长速度非常缓慢，即使是个头最大、生长速度最快的种类，每 100 年也才能生长 1 厘米。一般来说，一株 10 厘米高的地衣，其生长大都要经历上千年的时间。也许有人会提出这样的问题：地衣生长在岩石的表面，那它是靠什么营养生长的呢？科学家经过长期研究发现，地衣生长所需要的水分是在冰雪融化时得到的，地衣生长所需要的营养是由岩石的风化物提供的。或者是风把尘埃、鸟粪等吹到地衣生长的地方，为地衣提供了营养，它们才得以生长。另外，科学家还发现，有的地衣的假根可以分泌地衣酸，溶解岩石，可以说是一方面固定本体，另一方面从中汲取营养。科学研究发现，地衣有很大的开发价值和广阔的开发前景。

苔藓是高等隐花植物，因为植物体构造复杂，难以适应极地的严寒环境，所以仅分布在南极有限的地区。像相对温暖的沿海地区、冰雪融化能提供充沛水量的地区，才有大面积的苔藓生长。例如，东南极的威尔克斯地、南极半岛的西海岸以及南极大陆周围的岛屿上都有大面积的苔藓生长。

藻类是南极最丰富的植物，这主要是从数量上而言的，它广泛分布在水中、土壤中、苔藓的群落中，甚至还顽强地生长在岩石的表面和缝隙中。藻类的生长也需要适当的水分，主要来源是冰雪融化时形成的暂时性溪流和苔藓群落中的水分。在藻类中，鲜绿色的单细胞藻生长在岩石表面，蓝绿藻生长在陆缘冰里，生长在雪中的红色藻可以把白色的雪染成玫瑰色，地毯般的绿色藻主要集中在企鹅巢等营养丰富的地区。苔藓的群落是藻类良好的生长场所，因藻类能够把空中的氮固定为有机氮，并以此为营养源供给

▶ 苔藓（高振生摄影）

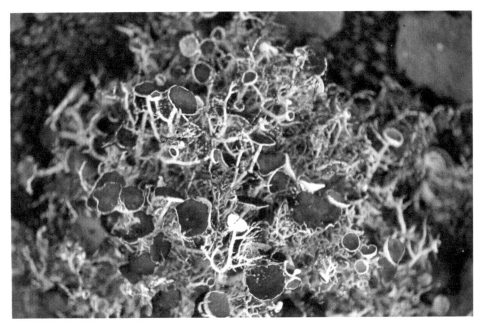

▶ 开花的地衣（高振生摄影）

▶ 地衣（高振生摄影）

苔藓群落营养，于是为苔藓的生长助了一臂之力。

在南极的湖泊沼泽中，浮游生物的种类很少，反而在湖底附着有很多底栖生物。在这些地方，虽然气温也比较低，但水深处的水温可上升 10 ～ 20℃。因此，湖底就和陆地那种低温、干燥、缺乏养分的环境大不一样了。在南极湖泊的底部，丝状的蓝藻类比较发达，而且和硅藻类、绿藻类交杂生长，厚度可达数十厘米。在比较暖和的南极半岛周围的湖泊中，浮游生物的种类就比较多了。在湖的沿岸，还有蠓、跳虫（即水虱）等昆虫生存。

特别需要指出的是，在南极的淡水湖中还生长着既能耐低温又能耐高温的微型动物——轮虫。轮虫是微型无脊椎动物，属甲壳纲枝角类。它的成虫广泛地分布在南极的内陆湖泊和沿海的溪流、湖泊中。轮虫这种微型动物，不仅可以在 -40℃的低温甚至低至 -70℃左右的环境下生存，而且可以在近 100℃的高温下生存数小时。

科学家在一个含盐极高的湖中发现了三种细菌。更有意义的是，在美国麦克默多站附近的钻探中，于 148 米的岩芯中还发现了一种细菌。经培养后确认是一个新种，分析后认为它生长在远古时代的沉积岩中，寿命在 1 万年左右。

南极的动植物顽强地生存、生长着，构成了特有的生态系统。但是，随着人类的涉足，尤其是商业性旅游者的增多，科学家担心这些动植物是否会绝迹，以及它们一旦被破坏能否再恢复。为此，《南极条约》协商会议制定了《关于保护南极生物资源的措施》，作为保护南极生物资源的行动准则。为了科学考察的需要，特别指定了 20 多个科学感兴趣区，明文规定事前不经《南极条约》组织的批准不得随便进入，包括直升机都不得在其上空飞行。同时规定在南极地区内，不得随意捕捉、采集、杀伤哺乳动物、鸟，不得破坏鸟蛋，不得采集和毁坏特别保护区内的植被。如果出现上述事件，那么都要由《南极条约》组织进行惩戒和罚款。

我想这也是符合全人类利益的。否则，本已十分孤寂的南极哪来生机呢？

南极的资源，无论是陆地还是海洋中的，都是人类极为重要的生存基础。

第四章

为什么要去南极？

尽管南极如此桀骜不驯，难以驾驭，然而无数探险者的足迹、英雄们可歌可泣的事迹，无时无刻不在鼓舞激励着后来者。他们无意去勾勒南极形态各异的景色，想要弄清楚的是它的博大精深与深沉。看到的是千古如斯的雄姿，思忖的却是它那言说不尽的内涵。他们感慨千里冰原的沉静，更激动于它的勃勃生机，想到的是它那千年更迭历尽沧桑的演变……这些正是科学家前赴后继立志要揭开南极那神秘面纱的目的，也是这白色世界的诱惑。

// 第一节　科学探索

近代科学研究证明，南极存在着地球演化和生物进化的珍贵资料。根据地球板块学说，人们普遍认为，大约两亿年前，地球上的大陆是连在一起的，后来分裂成南北两块：劳亚古陆和冈瓦纳古陆。随着世纪更迭，沧桑巨变，前者一分为三，形成了格陵兰岛、北美和欧亚大陆；后者则四分五裂，经过漫长的漂移，逐渐形成了南美洲、非洲、大洋洲、南极洲、印度次大陆。那么，在南极能否找到大陆分裂、漂移的证据呢？

答案是肯定的。自从南极进入科学考察时代以来，很多国家和地区的考察队员都在南极找到了大量的动物化石、植物化石等。根据研究分析，人们普遍认可地球板块理论的正确性。因为在大洋洲、北美洲和印度次大陆都发现了极为类似的植物化石、动物化石等。无疑，这一切又为古大陆连在一起的论点提供了有力的证据。

非常能说明问题的是在南极还发现了水龙兽骨骼。以 1967 年新西兰考察队在南极发现动物的骨骼化石为转机，1969 ～ 1970 年美国考察队挖掘出同样的水龙兽骨骼化石。专家认为，水龙兽曾是恐龙的祖先，属于陆上爬虫类。

▶ 南极玛瑙（高振生供图）

在世界其他地区（如南非）也发现了同样的水龙兽骨骼化石。因此，专家认为水龙兽不可能游泳渡过数千千米的海洋。从在两个大陆发现同一类动物化石推断，远古时代这两个大陆是连在一起的。

南极是地球上唯一没有被污染的大陆，那里空气清新，能见度极高，数百千米外的建筑、山峰依稀可见，每立方米空气中的颗粒物浓度仅有几毫克，比北极上空少很多。因此，南极是开展环境科学考察非常理想的场所。在那里，不仅可以轻松地找到环境本底的原始数据，还可以监测污染物在全球大气层中的蔓延程度。

这几年，关于臭氧层空洞的讨论，连不研究自然科学的人都十分关注，甚至成了老百姓热衷于讨论的话题。然而，你知道最早发现和研究臭氧问题是从南极开始的吗？同样，陨石的发现已不足为奇。在南极获取的陨石比在世界上其他地区获取的陨石受环境的影响要小得多，因此，所获取的来自宇宙的信息就比在世界其他地区获取的陨石信息量大得多。为此，世界各国的科学家都把南极称为理想的天然实验室。

▶ 在南极格罗夫山地采集的陨石（王新民摄影）

　　南极覆盖着 4000 多米厚的冰雪，就像一部历史的"巨著"，一部无字的"百科全书"。它不仅记载着数万年乃至几十万、几百万年来的温度变迁与世纪更迭的历史，而且对冰川学家来说，仅考察南极冰雪量的增加和减少这一单项课题，就直接关系着全人类的生活。因为冰雪融化直接关系到海平面的上升，海平面的上升又直接关系到某些城市会否被淹没。因此，各国科学家紧盯着这项研究就是必然的了。

▶ 南极中山站的美丽极光（马靖凯摄影）

怎样才能知道过去的气候及其演化过程呢？人们自然会想到，要查阅和考证气候的历史资料。然而，世界上有记载的系统的气候资料，最长不超过100年。用它来讨论古气候的变迁，远远不能满足需要。正当气候学家感到为难和困惑的时候，冰川学家帮了很大的忙。冰川学家在研究南极大陆冰川、测定冰盖的年龄及其形成的历史过程时发现，南极大陆冰盖不仅是研究冰川的极好场所，而且提供了许多古环境的资料，记录着几十万年以来气候变化的踪迹，是一座研究古气候的档案库。从此，钻探冰盖，获取冰芯，提取古气候资料，复原古气候，从而进一步研究现代气候，预测未来气候变化趋势等工作更加如火如荼地开展起来。这是冰川学研究对气候研究的一大贡献，也是多学科合作进行综合性研究以解决全球性重大科学问题的一个范例。

▶ 取自泰山站的第一段冰芯（张少华摄影）

// 第二节 要做"一等公民"

1772 年，人类开始了对南极的探险。1820 年初发现该大陆。19 世纪后半叶，许多国家的探险者纷至沓来，进行所谓的发现和"占领"。受当时的科学技术所限，直到 20 世纪初，人们对南极洲的认识还十分肤浅。但从那时起，一些国家便开始了对南极的争夺，因为他们深知南极洲拥有丰富的自然资源，具有重要的战略意义。

1955 年 7 月，为了缓和尖锐化的矛盾，苏联、美国、英国、法国、新西兰、澳大利亚、挪威、比利时、日本、阿根廷、智利和南非在法国巴黎举行了第一次南极会议，共商有关事宜。12 个与会国强调对南极洲进行科学考察的合作精神，协调各国的考察计划，并同意暂时搁置各国对于南极领土的要求。会议决定由 12 国分别在南极洲的不同地区设立 50 个越冬的考察站，并由美国开辟定期通向南极的航线。会议还决定由美国、苏联两国进行南极内陆的考察活动。

1957～1958 年国际地球物理年期间，上述 12 个国家先后派出了上万名科学家，他们踏上这块冰雪覆盖的陆地，对南极大陆及其周围冰栅进行了空前规模的实地考察。从此，人们对这个在"白色死亡线"以内的神秘大陆怀有的恐怖情绪开始略有所减，希望了解、亲近、考察和开发这块处女地的热情与日俱增。

基于上述原因，又由于美国国务院对南极洲科学考察进行了重新研究，由时任美国总统艾森豪威尔（Eisenhower）出面倡议，于 1958 年 10 月召开 12 国南极会议，着手缔结《南极条约》。同年，美国以东道主的身份邀请有关国家在华盛顿举行预备会议。

1959年10月，在美国华盛顿举行了有关南极问题的正式会议。12月1日，苏联、美国、英国、法国、新西兰、澳大利亚、挪威、比利时、日本、阿根廷、智利和南非12个国家签署了《南极条约》。经各国政府批准后，该条约于1961年6月23日起正式生效，有效期为30年。

《南极条约》规定，申请加入《南极条约》应由各国根据其宪法程序进行。

1983年5月9日，中华人民共和国第五届全国人民代表大会常务委员会第二十七次全体会议审议了国务院在4月23日提请加入《南极条约》的议案，通过了加入《南极条约》的决议。6月8日，我国驻美大使章文晋向《南极条约》的保存国美国政府递交了加入该条约的文件。从此，我国正式成为《南极条约》的缔约国。

对南极感兴趣的国家可按各国宪法程序申请加入《南极条约》，但不能保证加入国能出席每两年举行一次的协商会议。在南极进行大量科学研究的标志就是建有实质性的考察站。更明确点说，《南极条约》的组成还有等级之分。即原始签字的12个国家和建有考察站的国家，称为协商国。顾名思义，其可以参加协商和决策，有表决权。对南极感兴趣的国家申请加入后只能是签字国，称为缔约国或成员国，非但不能保证可以出席协商会议，而且即使出席了协商会议，也没有表决权。这就是人们常说的"一等公民"和"二等公民"的根本区别。

基于对《南极条约》的了解，1983年9月我国第一次派出代表团，以观察员身份出席在澳大利亚召开的《南极条约》第十二次协商会议。我国代表团共3人，团长是外交部条约法律司时任副司长司马骏，是一位老外交官。成员有郭琨和一名翻译。这次会议的议题共有30多项。参加这次会议的国家既有协商国，也有缔约国。

当代表团来到《南极条约》会议的会场时，首先发现的就是协商国和缔约国的地位悬殊。会场座次的安排"大有讲究"，会场中心是一排长桌，前方是主席台，长桌的两侧又布置了一排桌子。仔细观察桌子上的标牌，中心的长桌上摆的都是协商国代表团的座位标志。缔约国代表团的座位，安排在协商国的两侧。

中国代表团成员郭琨很快发现，发给各代表团的文件资料也是有区别的。秘书处给每个代表团都配备了文件柜，有好几次，郭琨看见中间长桌上的文件柜里总是一摞一摞的，有各种文件、地图册等；而我国的文件柜里总是少好多。跑到秘书处询问，答复很简单：这些文件只发给协商国，不发给缔约国。郭琨心里顿时升腾起一团火，但在这种国际场合，他只好忍住没有发作。

可是，让人难以忍受的事情经常发生。这次会议从1983年9月13日开到27日，因为要讨论30多项议题，所以每当大会进行到实质性阶段，比如要协商某一议题，或通过某项决议，或讨论有关南极事务的重大议题时，大会执行主席就宣布："现在要进行表决了，请缔约国的代表先生们离开会场，到休息厅去……"

这种难堪的场面，深深刺痛了郭琨和我国代表团每一位成员的民族自尊心。我至今还清晰地记得，郭琨向我们回忆起这些往事时，总是难以抑制内心的激动，消瘦的脸颊上肌肉在抽搐，眼睛也湿润了，他非常动情地说："我再也无法忍受了！"

是啊！中国是联合国五大常任理事国之一，而在一个区域性会议上，却被视为"二等公民"，郭琨实在是不能自持了，他非常激动地对司马骏团长说："今后不在南极建成自己国家的考察站，我绝不来参加这样的会议！"

可以设身处地地想一想，假如你是中国政府代表团的成员，此时此刻会怎么想呢？

1984年6月25日，国务院批准了国家海洋局、国家南极考察委员会、国家科学技术委员会、海军和外交部联合向国务院与中央军委报请的《关于中国首次组队进行南大洋和南极洲考察的请示》。

1984年11月20日，中国首次南极考察编队启航；1984年12月26日，

到达南极；1984 年 12 月 30 日，登陆成功；1984 年 12 月 31 日，奠基；1985
年 2 月 20 日，举行落成典礼。

▶ 中国南极长城站落成典礼（高振生供图）

从此，中国在南极有了立脚点，有了自己的考察基地。

1985 年 10 月 7 日，在第 13 届《南极条约》协商会议上，与会国代表一
致通过接纳中国为《南极条约》的协商国。团长许光建、副团长郭琨和同行
的六位团员，坐在了协商国的座位上。从此，中国在南极国际事务上有了表
决权和决策权。

1986 年 6 月 23 日，我国加入了南极研究科学委员会；1991 年，我国科
学家董兆乾当选为该委员会副主席。

1988 年 6 月 2 日，我国成为《南极矿产资源活动管理公约》的签字国。

特别需要指出的是，在中国和广大协商国的共同努力下，《南极条约》的
特别协商大会于 1991 年 4 月 29 日在西班牙首都马德里召开，会上通过了一
项旨在保护南极环境的协议。协议规定：今后 50 年内，禁止一切在南极大陆

开采矿产资源和石油资源的活动。

这是自《南极条约》生效以来《南极条约》组织通过的最重大、最有利于全人类利益的决定。换句话说，50 年内禁止开采南极资源这一决定来之不易，先后经过了 11 届《南极条约》组织召开的特别协商会议讨论，排除了各种干扰，最后取得了共识，一致通过。

"一致通过"的原则，是《南极条约》这个组织的重要原则。说白了，就是哪怕有一个国家投反对票，会议的预案和条款都不能形成决定。由此可见，"一等公民"的协商权和表决权是多么重要！也就容易理解当初中国处在"二等公民"地位上时，作为中国参会代表当时的心情了。

// 第三节　我国的南极考察起步晚，但发展快

南极是充满种种神秘色彩和魅力的白色世界，可以说是最古老而又年轻的大陆。发现它仅有 200 多年的历史，然而就在这 200 多年的时间里，无数探险家和科学家，为了寻找和进入这块人类未曾到达过的地球空白区，揭开它的种种神秘面纱而献出了生命，寂寞地长眠在那亲人难以到达的地方，朝夕与茫茫冰雪相伴，倾听着狂暴的飓风演奏的进行曲。

我国的南极考察起步晚，但发展快。20 世纪二三十年代，我国出版了多部有关南极的书籍，开始介绍南极方面的知识，最著名的就是《两极探险记》。

中华人民共和国成立后，新闻界撰写了大量有关南极的文章，出版界编辑出版了很多有关南极自然地理、生物和矿产、探险史的图书……1957 年，中国科学院副院长竺可桢指出，中国人应该去南极，研究南极。他说："地球

是一个整体，中国的自然环境的形成和演化是地球环境的一部分，极地的存在和演变与中国有着密切的关系。"

20 世纪 60 年代，在制定我国的科学技术发展规划时，有很多科学家再次提出要考察和研究南极。国家海洋局正式成立时，国务院、全国人大常委会批准的 6 项任务中，就包括将来进行的南、北极海洋考察工作。

进入 20 世纪 70 年代，国家海洋局提出了"查清中国海、进军三大洋、登上南极洲"的发展目标。1978 年全国科学大会前后，又有一些科学家呼吁开展南极考察研究工作。曾呈奎教授亲自写信给方毅副总理，很快得到了批示："南极考察是一个大项目，由国家海洋局研究实施。"

1981 年 5 月，国务院正式批准了以武衡同志为主任的国家南极考察委员会，同年 9 月成立了国家南极考察委员会办公室。1983 年 5 月 9 日，第五届全国人民代表大会常务委员会第二十七次会议通过了我国加入《南极条约》的决定。中国进军南极的号声吹响。

为了能够自己独立组队到南极考察和建站，从 1980 年至 1984 年初，我国先后派出近 40 人次的科学家到澳大利亚、新西兰、智利、阿根廷等国家的考察站工作，获得了大量的珍贵资料，对南极有了初步的认识和了解，为建立自己的考察站奠定了基础。

1984 年 11 月 20 日上午 9 时，满载全国人民美好祝愿的中国南极考察编队的"向阳红 10 号"科考船和海军的"J121"号船，随着水手解掉最后一根缆绳，万吨巨轮徐徐离开了码头，踏上了远征南极的航程。

在短短几十年的南极考察中，我国先后建起了长城站、中山站、昆仑站、泰山站、秦岭站。

▶ 1984 年 12 月 19 日，抵达阿根廷最南端的乌斯怀亚港（高振生供图）

▶ 南极长城站距离北京 17 501.949 千米，地处南纬 62 度 12 分 59 秒、
西经 58 度 57 分 52 秒（马靖凯摄影）

▷ 南极中山站距离北京 12 553.160 千米，地处南纬 69 度 22 分 24 秒、东经 76 度 22 分 40 秒，
这是初期的中山站（马靖凯摄影）

▷ 建站 30 多年后的中山站（马靖凯摄影）

▶ 南极昆仑站位于南纬 80 度 25 分 01 秒、东经 77 度 06 分 58 秒，海拔高度为 4087 米
（夏立民摄影）

▶ 南极泰山站位于东经 76 度 58 分、南纬 73 度 51 分，海拔高度为 2621 千米（夏立民摄影）

// 第四节　南极属于谁？

南极的资源，无论是陆地上的还是海洋中的，都是人类极为重要的生存基础，因此必然会引起世界各国的高度重视。因为世界各大洲都早已各有其主，只有南极洲是地球上唯一没有国家、没有主权归属、没有土著居民的大陆。那么，南极洲到底归谁所有？它作为一个政治问题出现在世界历史舞台上，是从 20 世纪初开始的。18 世纪到 20 世纪初各国进行的长达 135 年的探险、发现和考察，都可以说是拉开南极洲政治问题的序幕。在此期间，探险家们冒着生命危险，远涉重洋，克服艰难，在探索我们这个星球上最后一块大陆的奥秘的同时，还为他们的国家今后提出主权要求埋下了伏笔，包括插国旗、投放具有特殊含义的金属物和容器等，从而为本国政府对南极洲的领土主张提供了依据。1908 年，英国宣布对包括南极半岛在内的扇形地块及其水域拥有主权。其后，澳大利亚、新西兰、法国、智利、阿根廷、挪威先后对南极提出领土主权要求。澳大利亚、法国、新西兰、挪威四国互相承认各自的领土要求；阿根廷、智利、英国三国要求的领土互相重叠，三方坚持各自的主张，互不承认他方的主权要求；美国、苏联不承认任何国家对南极的领土要求，同时保留他们自己对南极提出领土要求的权利。如前所述，到 20 世纪 40 年代，上述 7 国已经对 83% 的南极大陆面积提出了领土主权要求。

由于对领土主权要求存在纷争，客观上就需要有一个多边条约以缓解各种矛盾与纷争。1959 年，阿根廷、澳大利亚、比利时、智利、法国、日本、新西兰、挪威、南非、英国、美国、苏联 12 个国家，应美国政府的邀请派代表来到华盛顿开会，经过一系列谈判，最后签署了《南极条约》。《南极条约》签署后，地球上人类最晚发现的这块大陆进入了新纪元，也使得这块遥远而神秘的土地不再是法律的真空。

《南极条约》的主旨是南极只用于和平目的，不应成为国际纷争的场所或目标；禁止在条约区从事任何带有军事性质的活动；禁止在南极进行核试验或处理放射性废物；南极科学考察自由，鼓励在南极科学考察中的国际合作；各协商国都有权派人到其他协商国的南极考察站上视察；《南极条约》的规定适用于南纬 60 度以南地区。

《南极条约》的第四条是它的基石，即不承认对南极领土主权提出的任何要求的权利。实质是冻结了对南极任何形式的领土主权要求，代之以鼓励南极科学考察中的国际合作。

截至 2007 年 4 月，《南极条约》有成员国 46 个，协商国 28 个。《南极条约》设有秘书处，通过每年一次的协商会议按"一致通过"的原则决策重大事务。《南极条约》协商国依据其国名英文字母的排列顺序轮流主办会议并承担一切会议费用。《南极条约》缔约国，特别是《南极条约》协商国，无论是在政治、经济、外交、军事、科技的综合实力上，还是在人口和地域的分布与占有上，都具有相当广泛的代表性和强大的实力，在国际事务和全球进步与发展中起

▶ 2006 年 6 月，第 29 届《南极条约》协商会议现场（高振生供图）

着重要的影响及作用，左右着南极事务的政治前景。

　　但人们不会忘记，1989～1990年南极的夏季，年近八旬的法国探险家雅克－伊夫·库斯托（Jacques-Yves Cousteau）亲自率领六大洲的儿童旅行团，对建立在南极南设得兰群岛及周围各国的考察站进行了参观和访问。该次活动的主题是：南极洲属于未来的一代。

第五章

怎样去南极？

去南极无非是乘飞机或者是乘船，其中飞机的使用受到诸多因素的限制。世界各国都配备了数量、大小不等的飞机或直升机。大飞机一般是用于运送紧急物资或人员；直升机主要是满足母船航行的需要，以及运送少量的物资和人员。

▷ 考察队使用过的"雪鹰601"，请注意轮子下是雪橇（李航摄影）

▷ 中国南极考察队使用过的直升机（任山摄影）

// 第一节　船舶是不可替代的

南极被世人所发现，应该归功于船只的发明和驾驭这些船只的探险者。

1738 ～ 1739 年，法国航海家让 - 巴蒂斯特·夏尔·布韦（Jean-Baptiste Charles Bouvet de Lozier）在航海时，在南纬 54 度 51 分的位置发现了一个浓雾笼罩下的冰大陆（即现在的布韦岛）。1772 ～ 1775 年，英国航海家库克（James Cook）完成了环南极航行一周的航行，发现了南设得兰群岛。1820 ～ 1821 年，美国的帕尔默（Nathaniel Palmer）、俄国的别林斯高晋（Fabian Gottlieb von Bellingshausen）和拉托列夫（Mikhail Petrovich Lazarev）、英国的布兰斯菲尔德（Edward Bransfield），都先后发现了南极大陆。1838 ～ 1942 年，英国的罗斯（James Clark Ross）、法国的迪蒙·迪维尔、美国的威尔克斯（Charles Wilkes）等先后考察了南极大陆，他们的名字均已成为南极的地名……他们无一不是乘船到南极的。在 200 多年的南极考察历史上，活跃在极地海域的船只经历了帆船、远洋船舶、抗冰船、破冰船的发展过程。

纵观南极探险史和考察史，不管它经历了帆船探险时代，还是英雄探险时代，或者是航空考察时代，抑或是常年考察站时代，都离不开船。船舶的功劳和作用是飞机无法比拟的。尤其是发展到常年考察站时代，仅一个中等规模的考察站，它的建筑材料、设备等的总重量都不会低于 3000 吨。要维持这个站的正常运转，大量的食品、燃油、仪器等的补给，更离不开船。如果用飞机运送简直是不可想象的。使用船舶运输这些物资，它还"吃不饱"。像我国使用过的"极地"号科学考察船、"雪龙"号破冰船和"雪龙 2"号破冰船，最小的承载能力都在万吨以上。

1984 年至今，我国先后派出过 6 艘船到达南极，它们是"向阳红 10 号"

▶ "雪龙"号和"雪龙2"号共闯南极（陈君懿摄影）

远洋科学考察船、海军"J121"打捞救生船、"极地"号、"海洋四号"、"雪龙"号和"雪龙2"号。这些船只都胜利地完成了预定的任务，在我国南极考察史上留下了不可磨灭的功绩。

▶ 在冰上卸运物资（黄文涛摄影）

　　目前，从事南极考察的人员、物资、装备、考察站上的燃油，其他各种生活必需品的补给等，主要是通过海上运送到南极，只有少数国家是使用飞机运输的，像美国在南极点的阿蒙森－斯科特（Amundsen-Scott）站。因此，在南极考察、运输工具中，船只仍然起主导作用。近年各国大都使用5000～10 000吨的破冰船。这些船除了完成运输任务外，还承担海上综合考察任务，所以它们通常被称为极地科学考察船。

　　乘船去南极的另外一个任务就是进行大洋考察，可以说是一路航行一路收获。像海洋化学、海洋物理、海洋生物、海洋气象等方面都可以进行走航考察。在重点海区乘船可以减速和进行加密考察。这样既能对大面积的海区有所了解，又可对重点海区、磷虾密集区进行深入研究。乘坐船舶去南极的一大好处，是可以投入比飞机更多的人员到极地进行考察，尤其是充分利用南极的夏季从而可以"抢种多收"。这样可以多设考察地点，多获取资料，便于在研究中得出较正确的结论。因此可以说，船舶在南极的使用是不可替代的。

// 第二节　海上生活不是梦

　　有这样一句话：无论多大的船，它都是海上的危险建筑。

　　万里海上航行，很多人一定会说：那多好玩呀！有的人会为之倾慕，也许有的人立下了早晚一试身手的决心。可是你曾想过在海上航行会遭遇狂风、恶浪、冰海、险滩吗？

　　在通往南极的航程中，不仅有踏危生还的庆幸，更有履艰历难的磨砺。但多年来在很多队员的心里留下的却是刻骨铭心的"晕船"二字。这也的的确确是非常难以跨越的一关。

　　古往今来，多少诗人、作家对大海进行赞美和描写，引起多少人的向往和憧憬是难以计算的。大海那博大、宽广的胸怀，温柔多情的涟漪以及五彩斑斓的浪花，让人遐想和欢乐与之俱生。当你投入她的怀抱，定会心旷神怡……大海的魅力真是太大了！

　　多次的航海体验，让我常常觉得文学作品中的描述大概是这些诗人、作

▶ "向阳红10"号在西风带遇到的狂涛和巨浪（郭琨摄影）

▶ "雪龙"号航行在西风带中（汤妙昌摄影）

家双脚踏在坚实的土地上的遐想，或是触景生情所激发出的灵感吧！到了海上，看着起伏的浪花，我怎么也看不出它像欢迎人似的层层花束；望着扑向船头的浪涛，我怎么也感觉不到它像是慈母般的拥抱……在驶向蔚蓝色的征途中留给考察队员的倒是"苦海无边，回头无岸"。

　　每当考察船离开码头，驶向那博大广袤、神秘莫测的太平洋时，人才真正体会到太平洋并不太平的滋味。有谁不凝望着那渐渐远去的960万平方千米的大地，翘首回忆着养育自己成长的坚实土地……说来也怪，在人生旅途中哪怕一件极微不足道的东西，只有当得不到它时才会感到它存在的价值。可如今面对的是雪白的浪花、连绵起伏的海浪、天地一色的凝固画面。这时以"旱鸭子"为主体的考察队就逐渐现出了"原形"。起航后的10天内晕船率高达60%以上，随着时间的推移，还有1/3的人一直无法适应海上生活，成为地地道道的"晕船户"。稍微适应了一些海上生活的队员则成了晕船的"临时户"，他们晕船的程度随海浪的大小而不同。

　　那些地道的"晕船户"可以说是苦不堪言，最多时1天吐20多次，常常是几天吃不下一点东西，如果不是医生告诫说"一点不吃，再吐就是黄水胃液，对身体伤害太大"，他们还不会吃东西。可是吃了东西又怎么样呢？有的队员曾被形容成"高压水龙头"，吃下东西后，有的立刻喷出去。有的队员认为多呼吸一点新鲜空气就能少吐几次，当看到他一个人坐在能看见天空的走廊的地毯上，两眼呆呆地仰望着蓝天，就像被遗弃了似的时，心里真不是滋味。有的队员从不在床上睡觉，总是到最底舱的地毯上躺着，别人问其原因，他还振振有词地说："你们没见过刮风时电线杆的上边摇得厉害吗？"晕船最厉害的队员竟产生昏厥、休克现象，医生不得不采取静脉注射葡萄糖的办法，在1个月的航程中，有的队员的体重竟然减少了14斤……非常有意思的是晕船者中还有"标兵"，被公认为"一号种子选手""二号种子选手"。北京师范大学的年轻教授赵俊琳就是其中一位，他为了环境科学的研究曾参加过环球航行和长城站古环境的研究工作，后又到东南极参加中山站的创建和科学考

▶ 坚持吃饭　战胜晕船（高振生摄影）

察工作。他深知晕船的滋味，没有经过一番思想斗争他是不会冒失地再次登上"极地"号的。他之所以成为"标兵"，唯一的经验就是：能吃、能吐、能完成任务。我所见到的他，只要吐了之后一定会再吃，吃了再吐再接着吃，风浪再大，他爬也要爬到船的最高处去进行科学考察和取样！他深有感触地说："地球上唯一缺乏同情心的便是大海，它对你的折磨一刻也不停地持续着，不给你任何喘息的机会，你越挣扎、越心急、越烦躁，它向你进攻得就越激烈、越厉害……"

新华社记者张继民知道自己可能会晕船，出发去南极前做了很多功课。然而一到了船上全然不是那么回事，他前几天基本没吃东西，随队医生说："你一点东西都不吃，再这样下去，胃部剧烈地反复摩擦，容易导致胃出血。"为了生存，避免出现吐酸水、胃液甚至吐血，他强迫自己吃东西，开始了吐了吃、吃了吐的循环，有时10多分钟一个循环。他说："我们这些晕船的倒霉蛋，是死不了又活不成。"是啊！对于晕船的队员来说真是苦海无边，考察队里流传着"苦海无边，回头无岸"这句带有幽默、自慰、对前程充满信心的诙谐的话语。记得每次停靠国外港口时，晕船的队员就"活了"，相互之间还交流应对晕船的经验。比如，为了减少胃肠蠕动，睡觉时就要像做前滚翻一样，双手抱膝，美其名曰"蹲着睡觉"；为了让身体少受伤害，床边要放一些吃的，这叫"多吃，多占"。既要搞好储备，又要准备"交公粮"（队员们把呕吐称为向大海"交公粮"）。考察船上最流行的歌曲就是被篡改后的："大海啊，就像后娘一样！"每当有人唱起这首歌时，总会引起阵阵欢声笑语。变了调的声音中，似乎包含着几分凄惨、几分怜悯、几分幽默、几分憎恶……晕船最厉害的队员说："不对，大海连后娘都不如！还得再改！"依我之见，说者太有学问了，寥寥数语确实直击要害。有的队员这样描绘晕船的感觉：晕船时真是一蹶不振，二目无神，三餐不进，四肢无力，五脏翻腾，六神无主，七上八下，九（久）卧不起，十分难熬……有的队员说：回国后他一定要创作一首歌："人是大地之子，大地才是人的母亲。"

同舟共济、相濡以沫的感情是无法用语言形容的。每当开饭时，总有人抢着给晕船的队员打饭并送到床前，随队的医生一天好几遍地巡诊，船队领导每天都要几次到队员们的宿舍里嘘寒问暖……这极其普通、小小的慰藉，怎能说它不暖如阳春呢？有的队员激动地说：真是大海无情，人有情啊！

// 第三节　海上乐园

总有人问考察队员这样一句话：去南极有危险吗？

怎么说呢？从船一离开码头就开始有危险。因为船本身就是海上的一座摇摆不定的建筑，何况还有狂风恶浪呢！到了南极，对人类的威胁就更多了。对于这些，考察队员是有充分的思想和物质准备的。考察队的队员们说：中国有句名言叫"埋骨何须桑梓地，人生无处不青山"。

在前往南极的航程中，确实存在一定的危险，从某种意义上说孤独的感觉比危险更难熬，好像这个世界由无限大突然变得如此之小，小到了充其量为 160 米长、22 米宽的一叶扁舟。如果用标准制图的方法来绘制的话，需要多大的纸才能把这艘船的位置点上一个点儿呢？然而，环境又是靠人来创造的，在这个如此之小的世界中，考察队员以豁达的情怀、乐观向上的精神，苦中作乐，使出了浑身解数，创造出一个愉快、和谐、充满勃勃生机的大世界。每当将要离开这个集体的时候，每当队员在国内重逢的时候，无不对南极那既小又大的世界满怀眷念之情，因为保留在每一个人记忆中的海上生活就像在乐园一样。

▶ 航行中的卡拉 OK 大赛海报（任山摄影）

▶ 航行中的小品表演（张黎平摄影）

　　过生日，是极平常的小事，但在前往南极的万里航程中度过自己生日的人为数不多。按照各国南极考察队的惯例，不论是在前往南极的征程中，还是在南极，或是在归程中，只要赶上某一名队员的生日，都要因陋就简尽最大可能，由领导亲自主持，全体人员参加，共同为这名队员庆祝生日。或许，因为工作繁忙，连寿星本人都忘了自己的生日，可是站长、炊事员是不会忘记的。当寿星走进餐厅，迎接他的是丰盛的美味佳肴，当被拉向主宾座席的时候，寿星方恍然大悟，激动的心情难以言表，仿佛回到了孩提时代，又仿佛回到了父母的身边，更仿佛置身于似曾有过的隆重的喜庆宴会上……当队长郑重宣布生日宴开始的时候，欢呼声顿起。海上生活的寂寞、孤独之感立刻化为乌有，充盈着周身的是温暖的情谊、同舟共济的氛围。祖国的亲人虽远在天涯，但又仿佛近在咫尺，几十个晶莹剔透的酒杯的碰撞声，又仿佛是几十颗赤诚的心紧紧地连在一起。兴奋、激动、欢呼、跳跃，好像是每一个人都在度过自己的生日一样。此起彼伏的欢呼声、沁人心脾的音乐声、醉人的清醇美酒……令人回味无穷。这个世界的温暖、人情显得多么可贵啊！还有什么困难能阻挡得住中国的南极考察健儿叩开这冰雪王国的大门，揭开它那神秘的面纱呢！

▶ 俄罗斯考察站站长到中国南极中山站与 10 月过生日的队员共度美好时光（马靖凯摄影）

　　在南极考察队过生日的队员，每人都能得到一张由考察队队长签名的精美的生日纪念卡，而永驻心扉的是难以磨灭的记忆。在南极，残酷、冷漠、危机四伏的环境是真的，这种环境里人与人之间的纯朴、无私的感情也是真的，是用金钱买不到的。

　　随着船只向南挺进，晕船人数逐渐减少，前往极地过程中的业余生活就日趋丰富。考察队有组织地举行乒乓球、象棋、围棋、扑克等比赛，要求每名队员都必须参加一项，多者不限。凡参加者都可获得一份纪念品，优胜者给以重奖。比赛的规则非常宽松，目的就在于减少晕船的人数和人晕船的程度，帮助大家调节生活，振奋精神。随着日益接近赤道、日趋风平浪静，业余文艺活动更加频繁，参加人数之多、观众之多都是空前的。有的队员就在娱乐时发明了输者必须戴上安全帽的办法；还有的队员规定输者必须顶上一只搪瓷饭碗，如果再输则再加一只碗。这些活动引来的不仅有考察队队长，还有教授、研究员和跃跃欲试的年轻人，更多的人则是来看热闹的，真可谓"观者如堵"。顶着两三只碗的队员在摸牌时都不能弯腰，而是慢慢地、直直地挺着脖子，用上半身加上胳膊的前移，才能摸到一张牌，这番景象总要引

▶ 考察队队长郭琨（穿蓝色 T 恤者）也来打扑克（高振生摄影）

起阵阵欢声笑语。一旦饭碗掉下来，更是令人前俯后仰、开怀大笑。为了留下这美好的瞬间，有的队员不顾自己顶着碗，非要让别人拿相机把他和考察队队长顶碗的形象一起摄入镜头。这是多么弥足珍贵的纪念照啊！

各种游戏，可以说是千奇百怪，花样翻新。由于晕船或乘船带来的食欲不振，有的队员就发明了"吃橙子"游戏——四个人玩"拱猪"或六个人玩"三仙"，谁输了就要吃下一个橙子。也许在陆地上这是求之不得的，可在晕船的状态下，这似乎带有一定的惩罚性质。有的队员手气不佳，可能一会儿工夫就要吃下十几个橙子，而且在众目睽睽之下是不容耍赖的。不管怎么说，这种玩法好处还不少：其一，吃了总比不吃好，毕竟增加了多种维生素；其二，吃了总比烂掉好，减少了浪费；其三，不仅增加了食欲，还调节了生活，振作了精神。

人类的文化娱乐活动产生于社会实践，这种"安全帽"形式演变成的"杂技"形式——顶碗。输赢没有人计较，图的就是这一乐。

▶ 头戴安全帽：我输了（高振生摄影）

// 第四节　赤道狂欢

过赤道的庆祝活动，是航行中最隆重的一项狂欢活动。按照国际上各国海员的惯例，当海员自己乘坐的船通过赤道时，他们都要虔诚地祭祀海洋王国的"神王"。这虽然是中世纪由于科学技术不发达而遗留下来的国际惯例，但到目前还没有听说过哪艘船放弃过这项活动。传说海洋中存在许许多多大大小小的"神仙"，它们的总头目就是尼普顿（Neptune）。虽然现代海员中不再有迷信思想，但这一古代的活动一直延续到现在。只不过今天的海员不再把最好的食品和美酒抛入大海向"海神王"进贡了，而是逐渐演变成由人来扮演"海神王"和诸多"妖魔鬼怪"，船员、考察队员们一起联欢。狂欢进行到一定阶段时，还要用扫帚、拖把来逐赶"海神王"及"众妖"下海，预示着未来航行平安无事。

▶ 赤道上举行的驱"鬼"狂欢活动（张继民摄影）

浩瀚的洋面宛如无际的大平原，仿佛在天水相交处笔直地画着的一条线，在赤道的上空太阳就像一团火，烤得人透不过气来。

随着汽笛的一声长鸣，人、"鬼"纷纷登上飞机平台。此时，连晕船的"种子选手"都精神起来了。考察队员周文玉，自起航后从没离开过房间，现在第一次登上这么高的地方，深有感触地说："啊！人真多！"随着阵阵锣鼓声，这些朝夕相处的队员，一下子变成了形态各异的角色：有的把苹果穿上铁丝当项链，有的用鬃刷子的毛当胡须，有的戴上各种头饰，有的将破床单撕成条往腰上一围当草裙，有的手持扫把当三叉戟，有的手持自制的雨伞，有的干脆用墨水、各种广告色往身上一涂……人、"鬼"同乐，兴趣盎然。在彩色信号弹的映衬下，在喧嚣的锣鼓声中，在迪斯科舞曲的激励下，人、"鬼"不由自主地扭动着腰肢、臀部，跳起了令人捧腹大笑的舞蹈。快乐的氛围让考察队员们暂时忘记了海上生活的孤独与枯燥。

更重要的是，每人还得到了一张由船长、考察队队长签名的穿越赤道的纪念证书。每当看到这小小的证书，人仿佛又回到了那海上乐园般的生活。

▶ 颁发过赤道证书（高振生摄影）

// 第五节　赤道上的日出

枯燥、寂寞的海上生活，哪怕有人说一声"我船右前方发现一个小岛""我船后方有一只鸟"……都会引起大家极高的兴致和好奇心，然后纷纷走出船舱一睹为快。被晕船氛围笼罩着的船舱，不管是晕船的还是不晕船的队员，唯一的希望就是早点到达赤道无风带。

"全体队员请注意，明天凌晨我船将要通过赤道……"船长通过广播发布了例行的航行通告。

这条通告瞬间成了众人讨论的焦点话题。此时晕船的队员也不晕了，大家相约次日互相叫着点，早点起来看日出。

不惑之年的我，在这股热潮中也聊发少年兴致，夜不能寐，努力回味着年轻时代爬崂山、登泰山、临黄山观日出的情景，随时准备去寻找那在海洋和陆地观日出的异同。

记得上小学地理课的时候，老师说：地球上有一条线叫赤道，它就像系在地球这圆鼓鼓大肚皮上的一条腰带，全长4万多千米。那里距离太阳最近，因此又是世界上最热的地带，所以人们称之为"赤道"。

上了中学，我才明白赤道仅仅是一条几何意义上的线，它既没有宽窄，也没有颜色；既看不见，也摸不着……这就更增加了我对赤道这个既神秘又抽象的地理概念的向往……

"太阳快出来喽！"一声标准的男高音，在发动机隆隆的轰鸣声中清晰可辨，队员们纷纷应和着："出来喽！"这声音传遍了船上的每一个角落，回荡在平静的海面上。

我急忙拿上早已准备好的长焦相机，手扶栏杆一步两层台阶，快速登上最高点。四下一望，黑压压的，别说太阳了，就连东南西北都分辨不出来。

只听见有人喊："这边是东！"

"不对，这边才是东呢！"眼睛尖的人坚持自己的看法。

我沿着他们手指的方向望去，转了一圈，又回到了原位，看到的只是水天一色。在天与海相交处，仅有一条白云与湛蓝的大海相交的直线。由远及近，水面就像玻璃一样平滑，没有一丝的涟漪，海水的浓度似乎很高，好像有一层釉膜在保护着大海。唯有螺旋桨在船尾排出的浪花，使平静的海面好似结出了一枝枝立体似的花朵，就像美丽圣洁的白玉兰，给人以温馨和遐想……

"出来了！出来了！"不知是由于激动，还是因为是第一个发现者，喊这句话的人声音都变了调。

我迅速调转眼神，定睛远望，只见在天水相交处微微泛起了红晕，随之

▶ 日出（梁津津摄影）

放射出一束束被云朵截断了的红光，渐渐地光源越来越集中，就像舞台的帷幕被徐徐地拉开了，逐渐凝聚成一个弧形体悬浮在海面上。粗看，就像涂得过浓的少女的上唇；细看，像蜡烛似的火苗一跳一跳地向上蹿，好像在海底有一个取之不尽的大火盆。它跳得很慢，很慢，看起来非常吃力，好像被海底一只无形的大手拽着，不舍得让它冒出来。每当太阳向上一跳，接着就是向下一蹲，如此往复，逐渐升高。随着太阳由半圆形逐渐向椭圆形过渡，它越升越高，越升越快。一眨眼，只见太阳纵身一跃，挣脱了羁绊，以它那完整、滚圆、火红的英姿，悬挂在天空，朝霞完全映红了半边天。刹那间，人们感受到了它那灼人的火焰。

▶ 霞光万丈（张锋摄影）

随着太阳的升高，那片笼罩着海面的薄纱也渐渐褪去了，平静的海水就像一幕幕多彩的画卷。平静起伏的涟漪就像镶嵌在海面的宝石一样闪闪发光，在湛蓝的海面上好似点燃了串串的灯火，巨大的太阳光束把海面映成了一条通往天际的金光大道……

企盼着过赤道是有很多理由的，其中很重要的是工作上的需要。作为船长、轮机长和机工，他们希望在这无风无浪的地带对主机进行检修。船在出海前都进行了全面的检修，经过十几天的运行、磨合，需要停机进行检查，目的就是保证在西风带和极区的航行安全。茫茫大洋，唯一适合停机的场所就是赤道无风带。那些晕船的人更是企望获得一丝喘息的机会，因为从船只离开码头，他们就告别了陆地，一路过来受尽颠簸及晕船之苦，多么希望早一点抵达无风无浪的赤道啊！对于把出海作为享受的人来说，希冀的就更多了，如驱"鬼"狂欢、看日出，更有钓鱼老手在时刻准备着钓鱼。

　　说起钓鱼，那还必须是老手所为，这项活动是留给有准备的队员们的，他们早在出海前就准备好了钓具，有的人在市场上买了各种大小的鱼钩，有的买了鱼浮子、鱼形锤，有的还置办了较粗的鱼线，更有行家带来了现代化的折叠式海竿等。究竟谁更胜一筹，就等待实践的检验了。

　　忽然，听到一声"来了"的尖叫。大家循声望去，只见一名队员忙乱地倒换着双手，就像从水井提水一样，大家纷纷跑过来，一条30多厘米长的小鱼在半空挣扎着，迫不及待的钓鱼者在鱼距船舷还有很大的距离时，就用力一甩，鱼从半空中落到船上，钓鱼者赶忙抓起放到水桶里。大家评论着、观赏着，有的还向生物学家请教这是什么鱼，为什么在大洋深处这么小的鱼也能生存。

▶ 钓上来一条鱼（陆龙骅摄影）

有了这个良好的开端，就有了接二连三的告捷，从摆着的水桶、大盆来看，大有容纳不下的趋势。那些"游手好闲者"也开始忙碌起来了，他们又找来了一些容器以便盛鱼，船上的甲板大有成为鱼市的架势。

因此，钓鱼不能不说是经过赤道的一大乐趣。

▶ 又钓到一条鱼（陆龙骅摄影）

// 第六节　狂风和巨浪

一般认为，南纬 60 度 30 分以南的地区即为南极。按照这个说法，南极洲周围的海域就有 3800 万平方千米的洋面。

去过南极的人，每当谈起西风带的气旋时都心有余悸。

西风带又称"暴风圈"，其形成原因主要是：在赤道海域，空气受热上升，分别向南北两极流动与南北两极所释放的冷空气相会，形成副热带高压带。它的位置基本介于南纬40度到60度的洋面上。由于受到地球自转的影响，在南半球的洋面上气旋主要向东运动，造成在暴风圈里常年盛行的是西风，故称"西风带"。根据记载，在西风带内终年吹着平均风力在8级以上的大风，由于风大，自然就涛高浪急，常年浪高在7米以上。我国的南极考察船就曾经遇到过20米的浪高。据历史资料记载，西风带浪高的最高纪录为30米。

名不虚传的西风带亦给中国南极考察队留下了深刻的印象。参加过中国

▶ 这个浪还是小的，大的要越过驾驶台（高振生摄影）

首次南极考察的每一名队员，谁能忘记在胜利建成长城站的返航途中，在西风带听到的那一声巨响呢！

那是发生在 1985 年 3 月 11 日深夜的事。

是由于胜利返航心情格外激动没能入睡，还是因为西风带狂风恶浪的折磨无法入睡？总之当晚考察队员都没有睡着，静静地听着那重达 5 吨的铁锚在涌浪的冲击下发出有节奏地撞击船体的声响，不时地还会传来聊天的声音。

有人有点担心地说道："听，这当当的铁锚声别把船撞漏了。"

"如果漏了进水的话，咱这间船头别墅首当其冲，准没跑了！"

一名并不太懂船舶的队员有气无力地说："放心吧！铁锚下的钢板是加厚的！"

"哎！我说今天你怎么不晕船了呢？"

"再晕、再困也没办法睡！你没看见我的手一直抓着床沿嘛！"

"哎！我说今天我这床怎么用上头和脚了呢？"说这话的队员，他的床位的方向与船航行的方向相同。平时船航行时风浪较小，他的床只左右摇晃，今天由于风浪大，他的床随着船头、船尾交替上下，所以他的头要顶一下床头，然后脚再蹬一下床尾。

"行了，你别得了便宜还卖乖了！我的床头、脚、左右手都用上了，现在这床就跟摇篮一样了……"

随后，大家都长久地沉默着……

船外漆黑一片，忽然听到咣当一声巨响，全体人员都为之一惊。一会儿腿脚敏捷、消息灵通的人士跑回来说："艏天线塔上高达 18 米、重达 1.5 吨的通信天线被震断，掉到甲板上了！"直到这时，大家才松了一口气。事后看到船甲板被砸了一个大坑，很多人还真有些后怕呢！

为了避免船毁人亡，船长先后 4 次改变航线，3 月 13 日终于穿过了西风带。

▶ 重达 1.5 吨的天线从 10 多米高的铁塔上摇断跌落在甲板上（郭琨摄影）

　　1985 年在中央电视台多次播出的新闻纪录片《远征南极》中，有这样一组镜头：在南极考察船"向阳红 10"号上，正在大餐厅准备会餐的队员和船员，望着丰盛的美味佳肴，正等待着总指挥发表祝词，然后美餐一顿。此时，突遭风速为 34 米 / 秒的大风袭击，所有人员都扑倒在地，桌子上丰盛的美味佳肴荡然无存。餐厅里先是一声惊叫，然后就是稀里哗啦的响声。再看特写镜头：一瓶啤酒、一个盘子、一个人的头部，顺序地朝一侧滑去。然后，反方向地倒退……也就是碗碟、椅子、瓶子再加上摔倒在地板上的人，已无法控制地在滑来滑去。不时地夹杂着有人喊："我的眼镜呢？"……这样一组真实的记录，如果不是亲眼所见，很难想象他们是怎样拍摄出来的。

　　当船出现了单侧摇摆达 30 多度的情况时，船长、船员如何确保船只的安全不在此展开叙述。这里，仅将鲜为人知的一些情况介绍给大家。当汪保国和马维军反应过来时，首先刺激他们大脑的就是"新闻意识"。他们根本无法站立，就连滚带爬地回到位于轮船底层的自己的住舱，拿起摄像机，跟跄着返回大餐厅门口。因无法站立，马维军干脆就趴在地板上，将摄像机扛在后背上，但还是拿不稳，这时汪保国就用两条腿夹着他的腋窝，用双手扶着门框，坚持着、坚持着……呈献给观众的绝不是哈哈一笑，而是中国的南极考察人员踏危生还的真实记录。

进入极区航行，最大的威胁莫过于突发的气旋。

气旋，是冷热空气的排斥、厮杀运动所形成的大气旋涡。它们的中心即为低气压中心，气压越低，说明风力越大，越令人望而生畏。船只遇上气旋，随时都有可能遭遇灭顶之灾。参加过第七次南极考察的队员，谈起乘"极地"号在极地突遭气旋袭击的 48 小时的经历时，至今还心有余悸。

1991 年 3 月 5 日，"极地"号在返航途中突遇不可预测的特大气旋的袭击。天上乌云压船，船下是 4000 米深的茫茫冰海，前方是排山倒海般的巨浪，四周没有航行的船只，附近又没有可供避风的岛屿……此时风速达 35 米 / 秒，浪高 20 米。"极地"号被巨浪时而高高抬起，时而又跌入浪谷，螺旋桨先后 50 多次露出水面造成飞车（螺旋桨空转），船体左右摇摆超过 30 度，剧烈抖动。在这关键时刻，船长魏文良两个昼夜没有离开驾驶台，专心驾驶，精心指挥。领队、队长、政委等领导同志也聚集在驾驶台，密切关注船只的航行安全。正是各部门、各岗位的每个人忠于职守与精心操作，才最终保证了万无一失。

3 月 6 日夜晚，后甲板告急，巨浪冲上来了，盘结固定的 4 根缆绳被打开，其中一根已有百余米被冲入海中，随时都有缠绕螺旋桨的危险。在这紧急关头，船队领导果断指挥，船员英勇奋战，首先由 6 名船员身着救生衣，冒着危险到后甲板抢拉掉入海中的缆绳，被挑选的 11 名队员紧密配合。其他队员到餐厅和走廊上排成队待命，大家共同努力把缆绳从海里拖上来后，又把全部缆绳从后甲板转移到内走廊，最终消除了隐患。距船尾 10 多米远、离水面 10 多米高的第三层甲板的右后走廊门和门框，均被大浪打坏，海水冲进内走廊，导致 5 个房间进水，由于抢修及时才没有酿成大的事故。

在这 48 个小时中，每个人都经历了一场生与死的考验。考察队员们没有惊慌，也没有忙乱，反而十分从容。从他们的举止和眼神中，可以看得出他们各自在准备迎接悲壮的海葬。有的队员刮干净了胡须，梳理好自己的头发；有的队员穿上崭新的西装，系上精美的领带；有的队员手里捏着与家人合影的照片……他们没有怨天尤人，他们希望人定胜天不仅是一种美好理想，衷心祈祷能变为现实。然而，谁都清楚，一旦发生意外，在这种环境中生存下来的希望是多么渺茫……

在抗击台风的过程中，有位来自哈尔滨的年轻队员朱斌胜悄声对我说："高副队长，船上的救生艇怎么还用那么粗的（2 厘米）钢缆绑着，你应该跟船长说说，该准备准备了！"

他是很认真的，并没有开玩笑的意思。我笑着说："你别害怕，该用的时候它自动就在海里等着你了。"

我说的是真话，因为这是全自动的海上救生艇，朱斌胜第一次出海，不了解这个常识也是正常的。看样子他似乎还有不放心之处，表情依然严肃。

这时，另一名队员从门外进来说："小朱子，你去看看船甲板护栏上的自由间隙缝，早超过设计的极限了，相互挤得嘎嘎地叫！"

"行了，二位大哥，你们上有老、下有小，你们不怕，我怕什么？光棍一条，我哪儿也不去了，就跟着你们了！"

这位队员是想告诉我，他在船尾看了半天，发现螺旋桨有时都露出水面，几乎要空转了，要是飞车就坏了。飞车是指螺旋桨空转，没有负荷即可造成主机损坏，是构成船只倾覆的最大威胁之一。

气旋过后，留给"极地"号的是满目疮痍。在后甲板固定的非常坚固的用于蒸馒头的不锈钢柜被巨浪摧毁，电缆固定架、照明灯、扬声器等均被海浪卷走……

气旋过后，考察队员们算是领略到了狂风、巨浪、气旋的真正含义。

// 第七节　海上的"握手"

　　各国在南极考察和工作的队员，会利用一切机会和可能进行互访与交流。尽管语言不同，肤色不同，信仰不同，但在南极大家都没有国界这个概念，互访也无须护照。两站距离近就用雪上摩托车或滑雪代步，距离稍远就采用雪地专用车或直升机代步，这些互访和交流已经成为司空见惯的事情。让我最难忘的就是中苏两船在海上的一次"握手"。

　　中苏两船在海上"握手"，可能会让读者大惑不解，如果用航海术语来说就是"靠膀"。什么叫"靠膀"呢？简单说就是船与船在海上靠在一起。这在各国的码头上是非常常见的，在海上的"靠膀"却是少有的，尤其是在风云变幻的南极，兴许还是第一次呢！"靠膀"的双方是苏联的"费德洛夫院士"号船和我国的"极地"号科学考察船，两艘船的排水量分别是2万吨和1.5万吨。

　　那是1989年的1月13日，当我国的"极地"号被东南极的陆缘冰阻隔了20天以后，苏方为解我方运送物资之急，派大型直升机支援。由于我方船上的物资体积和重量过大，苏方直升机多次试吊都以失败而告终，这一刚刚燃起的希望之火，又一次熄灭了。苏方船长看到我方船上有可载40吨物资的小驳船时，提出想借用一周，他们彼时正为往和平站卸运大型物资而发愁呢！我方虽然暂时用不上，但又说不准什么时间用，不管将来怎样，还是欣然同意将小驳船借给苏方。可是怎么送过去呢？双方商量了许久，最后决定采取到无冰区的海域实施"靠膀"的方式。也许有人会说：把"极地"号上的吊车启动，将小驳船放到水里，开到苏方船边，再让苏方船上的吊车把小驳船吊上去，不就行了吗？事实就这简单，但有一个隐患。因为小驳船是平底，长14米、宽7米、自重20吨，双方船上的吊车都能将它吊起，但自重20吨的小驳船一旦被放到水里，再让苏方用他们船上的吊车起吊时，由于海水的吸力，小驳船的重量将远远超过自重，如果这样做，危险随时有可能发生，于是双方这才决定"靠膀"。

在南极洲周围的海域，两艘万吨级的大船相靠，不仅给苏方解决了困难，还给中苏双方的考察队员带来了一次终生难忘的相会和交流的机会。

1月13日晚餐后，两艘船相约在同一海域相遇，按同一方向航行，逐渐平行，缓慢缩小相互间的距离，同时减速停机。直到1月14日凌晨1点，两艘船才渐渐靠拢，4根缆绳把两艘船紧紧联结在一起，就像人们搭肩挽臂一样，终于完成了海上的"握手"行动。在双方船长、队长进行公务活动的时候，双方队员也开始了十分友善的活动。

由于两船相靠的位置是中部，其他部位必然就相隔了一定的距离，尤其是住舱的外走廊相隔有3米左右。双方的队员一字排开集中在这里，虽然3米的距离是远了点，但也挡不住大家交流的热情。

▶ 中苏两国的船正在靠近（高登义摄影）

有一名考察队员会一点俄语，他首先用俄语高喊："你们好！"

接着苏方队员大声应答："你们好！"

再往下就说不上整句话了。

这时候我方队员开始寻找考察队中学过俄语的队员，如王自磐、金乃千、高登义、郑在石……他们纷纷被众人推向前台。有的人发现用英语更便于交流，大家便你来我往地交谈着。

这时，考察队员朱斌胜大声喊道："你们先停停，看我的吧！"只见他手里拿着一瓶啤酒，冲苏方队员摇晃了几下，嗖的一声，啤酒跨过了这 3 米宽的空间，飞到了苏联的船上。接到啤酒的苏联队员十分利索地将酒瓶往船舷边一磕，随即瓶盖被打开，泡沫溢出，紧接着仰脖就饮。他刚要喘口气，却被另一名苏方队员夺过去，痛快地喝起来。只见先品尝为快的那名苏方队员伸出了胳膊，大拇指不时地合上又张开，那用意就不言自明了：中国啤酒真棒！

无论什么语言，看来都不如这手势语简单、明了、形象。这一瓶啤酒唤起了人们的灵感，打破了沉闷。

中方队员大有满足供应的阵势，有的拿一两瓶还嫌不过瘾，个别队员连整箱的酒都搬出来了。左一瓶、右一瓶地腾空飞跃，酒瓶在这 3 米的空间飞舞。有的队员以示热诚，还不时地调换着花色品种，如枣汁、橘子汁、矿泉水……不管什么酒水，只要飞过去，苏方队员磕开瓶盖就喝。

突然张国立大喊一声："弟兄们！停一下，看我的。"

他早已回房间找来一瓶浓缩刺梨汁拿在手里——他想开个国际玩笑。队员们不言自明，只见他摇晃了两下，就鱼目混珠地朝苏方船上扔了过去。中方队员拭目以待，静静地等着看苏方队员喝了以后的表情。只见接到刺梨汁的苏方队员，打开瓶盖就是一大口下肚，酸得又伸脖子，又吐舌头，还直眨巴眼。另一名苏方队员为了探个究竟，拿过瓶子，仅用舌头舔了一下就明白了。随后引起了双方队员的阵阵欢声笑语。苏方这名队员十分会意地把瓶子一盖，示意他已明白：必须兑水稀释才能喝。

高潮也因此一浪高过一浪。逐渐地已不是单向流动了，硬币、香烟、茶叶、纪念章、帽子、邮票、纪念封、肥皂、录音带……往返如穿梭一般，不时地还有掉到海里的。为了减少损失，苏方队员摘下自己的帽子，比画着让中方队员把纪念章放到帽子里，一起扔过去。谁知，中方队员扔过去连帽子也被"没收"了，苏方队员把帽子戴在了自己的头上。后来有人找来竹竿，把要交换的物品捆在上面；有的用竹竿加上尼龙网兜，把硬币、小物品等装到里面运载过去。

看着这热闹、友好、令人目不暇接的场面，望着两船间不断飞舞的物品，听着两国科学家用英语无拘无束地交谈，大家暂时忘记了旅途的艰难，沉浸在激动之中。大家多么像久别重逢的朋友啊！大家都衷心地希望中苏两国的友谊万古长青！

一个因通信、科学技术、交通而缩小了的星球，使人们有了地球村的概念。海上的"握手"，深深地留在了中苏双方考察队员的记忆中。

// 第八节　晕船情况下的文体活动

打乒乓球实在是没什么新鲜的，但在航行的船上，面对风大、浪涌人还晕船的情况，你打过乒乓球吗？你能想象到那是一种什么感受吗？

在船上不仅打乒乓球难，搞其他的体育项目也非常困难，当然总是有一些小窍门的。在船上举行拔河比赛，每次都是考察队输给船员，总是与事先分析的结果相反。比赛前，包括船长、船员在内，大家都认为考察队的实力强，无论是单个人的体质、力量还是人数，考察队都略胜一筹。毕竟参赛者中考察队一方是从近 90 名队员中选拔出 10 人，而船员一方是从不足 40 名船员中选出 10 人。但最后的比赛结果总是出人意料。后来，船长告诉我：考察队员大部分都是"旱鸭子"，在船上生活的时间短，连在船上走路都像是怕踩着蚂蚁，身体发飘。那在拔河的时候，船左右摇晃，队员不更发飘了嘛！船员却能非常好地借用船往自己这边摇的倾斜力，他们的身体感觉非常好，当船向对自己这方有利时，他们便开始用力，并不失时机地加力，所以每次拔河比赛都必胜。

▶ 过赤道传统项目——拔河比赛（任山摄影）

晕不晕船，看来是无法用仪器测量的。多次随船出海，我通过观察总结出了自己认为比较可靠的一些规律。比如，青年人比 50 岁以上的人晕船的概率高，男士比女士晕船的概率高，平时做体育运动（如踢足球、打篮球）很少摔跟头的人比爱摔跟头的人晕船的概率高，或者说平衡能力强、平衡器官灵敏的人肯定晕船。记得 1988 年我去联邦德国学习雪上车驾驶和维修，在北京首都国际机场，巧遇国家体操队队员，他们正在准备赴联邦德国参加体操比赛。我们聊起了那几个小运动员晕不晕飞机的问题。领队说："连我最初也晕，但坐得多了，逐渐也就适应了。这几个小运动员每次都要晕一路，也搞不清楚是怎么回事。"我也开玩笑地说："还是让他们晕吧！他们要是不晕飞机了，恐怕就要晕平衡木、晕高低杠了，那时的冠军就没中国的份了。"果然，飞机一升入高空，这些小队员们就呕吐不止，飞机一着陆，她们就活蹦乱跳了。从那时起，我就更加坚信了自己总结出的晕船规律。

我有一位同事，他就是一个很有说服力的典型。记得第一次和他一起开车去青岛，在路上我怕他太辛苦，就说替他开一会儿，他说："等我犯困的时候你再开吧！"我不解其意，但没再深问。后来当我开了还不到两个小时的时候，他突然喊停车，刚下车就吐了一地，而他无论开多长时间，也从没有晕车的反应。到了"极地"号上，刚一踏进内走廊，他就对我说："这船怎么是歪的？"我说："我怎么没感觉呢！"船长听见了我们的对话，说："船在码头停靠，受涨落潮的影响，涨潮时，缆绳拉紧，船就往码头方向倾斜一些。"我当时还真羡慕他那灵敏的感觉。船一出海，我的那位同事就成了第一晕船户，后来基本上靠注射葡萄糖度日。仅一条单程航线，即 40 天到南极长城站的距离，他的体重就减少了十几斤。

我能总结出晕船的一些规律，不仅是因为有以上这些例子佐证，更主要的是我有一点切身体会。我从小就爱踢足球、打乒乓球，更爱摔跟头，幼年时我两腿的膝盖总带着硬痂，向外渗着血。长大后，我既不晕车，也不晕飞机，更不晕船。简单地说，就是我的平衡器官迟钝。有时船一出青岛，一连几天风平浪静，我就跟船长说："总这样风平浪静，就没意思了，队员回单位吹嘘，到南极去，在船上简直就是一种享受，那就麻烦了。"船长说："不会的！"

于是，有的队员就开玩笑地传播说："高振生老嫌风浪小，不过瘾！他一开船就来精神了！"有时我就开玩笑地回应他们："有时我人都快倒地了，才发现船有点歪。"我之所以老琢磨晕不晕船的一些规律，一方面是想看看它与人的先天条件有多大关系，另一方面是想研究怎样战胜它。多次出海，我得出这样一个结论：人不晕船既有先天的条件，也需要后天的锻炼，更要有精神方面的影响因素。

到南极去，如果晕船的话，那滋味就很难描述了，望前方，苦海无边，还得走几十天呢！往身后看，回头无岸，谁也不可能做出决定，把晕船的人送回去。我记得新华社记者张继民说过的一句话最贴切，也再真实不过了，他说："我们这些晕船的倒霉蛋，是死不了又活不成。"一天到晚被晕船的感觉折磨得死去活来，有时都有不如一死的念头。就是在这样的情况下，他每天都坚持趴在床上歪歪扭扭地记下很多东西。如果说字字是血和泪的凝聚，未免有言过其实之嫌，实际情况是在晕船、呕吐的间隔写就的。也许读者在想，他哪来那么多的事往本子上记呀！是啊，新闻工作者的职责、新闻意识的要求，使他不放弃任何一件可以捕捉的事情，他吃力地打听，耐心地询问，认真地收听船上队员自己办的"极地之声"广播。在首次建中山站期间，他发表了上百篇新闻和特写，回国后撰写了多部有关南极的著作。用他自己的话说："去南极大陆的机会难得，回来想写点什么，就要把笔记记得越细越好，说句不大文雅的话，放个屁都应记下来，等到写作时，它能帮你回忆起那天是肚子着凉了还是黄豆吃多了。"这也许就是新闻记者的职业特点和新闻意识吧！

从第三次南极考察开始，考察队创办了中国南极考察史上的第一份报纸——《极地之声》。该报是由国家南极考察委员会主任武衡题写的刊头。这张小报内容丰富、形式活泼、贴近生活、图文并茂，而且十分注重知识性、趣味性，紧密配合考察队的中心任务，及时地报道好人好事，十分受考察队员欢迎，所以一直延续到今天，《极地小声》越办越精彩、越实用、越贴近考察队员的生活。船上有很多热衷于《极地之声》的"发行者"。每当小报刊出的时候，他们一边往队员房间里分发，一边嘴里还不停地喊："《人民日报》！《人民日报》来了！"

考察队还第一次创办了"极地之声"广播电台，定时广播国内新闻和考察队的最新消息。考察队还自编自印了中国南极考察史上第一本诗集《极地抒怀》，收录了考察队员创作的40多首诗作。正如一位队员所写的：

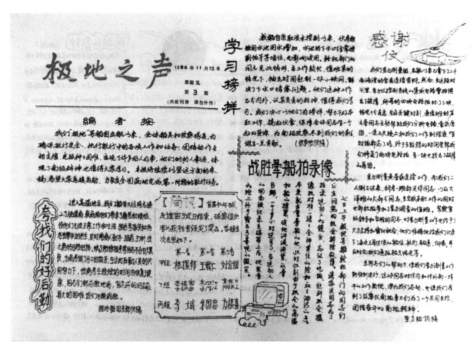

▶ 《极地之声》小报起到了很大的鼓舞作用（张家兴供图）

> 南极考察诗人多，
>
> 一路航行一路歌，
>
> 冰作砚台海当墨，
>
> 诗篇赛过雪花朵。

这样的南极考察生活怎能不令人向往！

我曾四次乘船去南极，担心最多的，就是怕晕船的人太多，如果不力挽狂澜的话，一旦出现了60%以上的人晕船的局面，这支队伍的士气就将受到很大的影响。我体会最深的就是第三次南极考察，船刚一出青岛港就赶上了台风，队员连一点过渡的时间、适应的机会都没有，晕船就像瘟疫一样蔓延、传播。

▶ 航行中的书法笔会（高振生供图）

　　从总指挥到队长，都亲临每一位队员的住舱，并对重点对象给予特殊的关照，亲自送稀饭、榨菜到床前，鼓励队员要战胜晕船就必须先战胜自我。船上的医生和考察队的医生忙得不可开交，一会给队员输液，一会儿给队员送药，一会儿又被队员喊去，楼上楼下地奔跑，几乎没有闲下来的时间。负责宣传工作的同志把"只有坚持吃饭，才能战胜晕船"的标语张贴在走廊、餐厅，并且让医生写出广播稿件，以说明不吃饭，胃部空蠕动的坏处和吐胃液的危险……还别说，这些办法真灵。

　　没几天，晕船的队员就减少了1/3，但有些关键人物还在晕船，或者说还在"小病大养"。于是我就动起了"坏心眼儿"，想要调动大家的兴致与情绪，即把那些打乒乓球的好手、玩扑克的能手及会打麻将的都召集起来。通过他们把大家带动起来，这样在大风大浪中就会支起牌局，活跃船上的气氛，自然就会吸引来很多的围观者，让大家暂时忘记晕船的感觉。于是我来到晕船比较轻的胡玉平的房间，他在考察队训练时就有"牌星"和"乒乓之星"的美名。此时的他有点"小病大养"，换句话说，就是不舒服，有晕的感觉。我找上门，跟他"叫板"，我说："咱俩到大厅打乒乓球，如果谁输了，就从台子下边钻过去一回。"

他说："要是船在码头上靠着，你还用打吗？住在台子底下就得了！"

他口气如此之大，是因为他有一定水平，这也是公认的，而我又从没在队员面前打过乒乓球。

我说："是骡子是马，你敢下去遛遛吗？"（指到船底舱的乒乓球室打乒乓球。）

大家你将他一军，我"挤兑"他一下，他开始不服气了。我的目的就是要让他不服气，勾起他的"玩瘾"，进而为下一步带动起一大片做努力。

无论是在单位还是出差以及在家，我基本上是不参与打扑克、下棋、打麻将的，就是打乒乓球也是30多年前的事了，那是在第26届世界乒乓球锦标赛的影响下学了点"手艺"。说实在的，输赢无所谓，但折腾起一个，就有一伙人看热闹，尤其是大家听说是队长向胡玉平"叫板"，输者从台子底下钻过去，那看热闹的还能不多吗？

这么做，目的就是让晕船轻的队员不要加入晕船重的队伍，能更快地适应海上生活，让晕船重的队员变成"季节"性的（浪大晕，浪小就能适应）。

胡玉平的最大优点就是认真，无论做什么事都是这样。对于这次比赛，他找裁判，找公证人，目的就是怕我输了不钻台子。

我说："胡玉平，你累不累？我先白钻一回你看看？"

说着，我就如此这般地钻了一回台子，他也就放心了。我说："还用打吗？算我输了还不行？"

谁知他那认真劲不减，说："刚才是你自愿的，下边才是我赢的……"

比赛很快就开始了。

在船上打乒乓球，是有一定难度的，难就难在人和飞舞的小白球之间的距离不好掌握。假如飞舞的乒乓球可以停留在空中的某一个点，人手中的球拍准备击球的移动距离也已目测好，这时如果涌浪使船向准备击球的相反方向摇去的话，那么人也就要往相反的方向移动身体，球拍就有可能击不到球或击不准。如果涌浪使船向准备击球的同方向摇去的话，那么人自然与球之间的距离缩短得就快，可能就打到了拍子把上或击不到球。说严重点，如果去抢救一个稍远一点的球，人还有可能就地卧倒了呢！摔跟头的事是最常发生的，简单地说，涌浪可以改变船的平面，船的平面可以改变人的方向和位置。更何况船的摇摆，也绝不是简单地前后摇、左右摇、上下颠，准确地说是这六种方向的混合。在这种情况下打乒乓球，是不容易发挥出正常水平的。

不太谦虚地说，我也有"两下子"。我承认胡玉平乒乓球打得比我好，但在这种环境下，再加上我是第一次在大家面前露面打球，他很难适应。所以，不消几分钟，他就输了，规规矩矩地钻了一回台子。

此时的胡玉平，早已没有晕船的任何迹象了，他的那股认真劲儿陡然上升，红着脸说："刚才我忘了说三局两胜来着，不过这也是规矩……"我一看他那阵势，再看周围的队员越来越多，只好说："按规矩办。"

到底水平不一样，很快他就适应了我的打法。尽管他经常出现前仰后合的情况，但毕竟技高一筹，我连输两回，钻了两次台子。

队员朱斌胜站出来说："胡玉平，你别土地爷冒烟儿——神气起来了，咱俩打。"胡玉平正在兴头上，自然就"兵来将挡，水来土掩"了。这样一来，大家居然排起了队，都想试一试。此时，我也就换项目去玩了。

我开始找人打扑克，我要找的都是平时公认的打得好的，并且都是晕船的。当我来到晕船的王获房间时，看样子他晕得比胡玉平重，但我认为他也能很快适应过来，主要是意志的关系。于是我就"叫板"道："如果你不玩牌，我就安排你帮厨。"（多数晕船的人怕到船尾的厨房去帮厨，那里颠簸得最厉害。）他说："你别叫那么多人，就咱俩玩'二十一点半'行不行？"

我说："你可以躺在沙发上玩，我坐着玩。但谁输了要吃一个橘子。"他被迫同意。我又找来几个看热闹的人帮忙剥橘子。

一开始，他还真躺着，输多了就坐起来了，最后，他的眼睛都瞪圆了，在众目睽睽之下，断断续续地一共吃了14个橘子。最后他提出不玩了，我说："可以，但必须由你找人，到大厅的活动室里去打扑克。"出于无奈也好，还是忘了晕船也好，总之，他成了打扑克牌的召集人。

这一招还真的能调动起一大片，既能活跃气氛，又能帮助很多人减少晕船感，何乐而不为呢？

以上种种事例都说明很多人晕船是可以靠意志、靠锻炼逐步减轻和克服的。

// 第九节　流动的大学

凡去过南极的考察队员无一不感受到中国南极考察队是一所大学。从某种意义上说，很多综合知识的获取是在世界上任何一所大学都不可能获得的。

从考察队的人员组成来看，它虽不能囊括世界上的三百六十行，却是一支专业广、特长集中的队伍，不乏各个专业的佼佼者。因此，考察队一组建，在训练过程中，就由各专业的人员介绍自己的任务、实施方案、预期成果，这难道不是一种增长知识、开阔视野的最好方法吗？当气象工作者介绍自己的专业知识和所要做的工作后，很多队员就会幽默地说："我们百十多号人的性命就看你们的了！千万别把'极地'号船引向气旋中心……"通过训练，很多队员对气象学、物理学、海洋学等方面的知识有了一个感性认识。当考察队行进在南极的征程中时，这种学习可以说就更深入了。因为每向南极行进一步，都会遇到新的问题，在参与、了解和解决这些问题的过程中，无形中就学习到了新的知识，增强了与相关学科的联系，不仅丰富了自己的专业

▶ "雪龙"号上的考察队员在认真听讲（张斌键摄影）

▶ 考察队总领队、中国极地研究中心主任刘顺林上开学第一课（张斌键摄影）

知识，而且为自己的专业研究拓宽了视野。那么，不搞自然科学研究的队员又学到了什么呢？可以说对自然科学增加了了解、增长了知识。在"极地"号的航行中，考察队都要利用"极地之声"广播、《极地之声》小报介绍什么是西风带，什么叫气旋，为什么航行中要搞地球物理测量，为什么要研究不同海区的温度、盐度、深度，什么叫重力，什么叫磁力，南极点在何处，为什么当行进在赤道时看不见一条线，为什么要研究冰川，为什么要探测高层大气的物理现象……

有些看似简单的知识，却隐藏着极深奥的学问，对极深奥的学问简单明了的解答又能引发学习者浓厚的学习兴趣。人们非常清楚子弹出膛、炮弹飞出火炮口后的运动轨迹都是呈抛物线形、波浪形前进的，也许都很清楚这由地球的引力所致。当人类发明了导弹，不容忽视的就是地球的引力。因为导弹飞行距离长，要准确击中目标，就必须有导弹运行中所经过的一条线的准确引力资料。经过精密计算，排除由地球自转所引起的众多因素，克服地球引力的作用，来达到准确地命中目标的要求。或许，有人会提出：每发射一颗导弹都要这样先去测量吗？答案是肯定的。测量地球不同地区的引力要耗费巨大的精力和物力，才能使"引力库"日积月累地形成。那么五大洋呢？科学工作者是不会轻易放过考察船远航这一机遇的。因此，船上就安装了重力测量仪，简单来说，重力测量仪测出的重力值就是地球的引力。这一工作为我国在不同海区对重力资料的积累做出了重要贡献。由于地球引力的不同，队员明白了越往南极靠近，人的体重、物体的重量都会增加的道理。这仅仅是一个简单的例子，考察船在远航中还有很多科学考察项目，像温度、盐度、深度的测试，气溶胶取样，涉及海洋化学、海洋地质等领域。这些考察，需要很多队员的参与和帮助才能完成，在这个过程中，队员们既学到了知识，又开阔了眼界。

武汉测绘科技大学原党委副书记兼该校南极研究室主任、多次到过南极的测绘专家鄂栋臣老师，每次到南极都要给队员们讲指南针为什么并不指正南方的道理。我们一般所说的南极，是广义的南极，一般是指南纬60度以南的地区；狭义的南极，一般是指地理南极点，它的位置是南纬90度。指南针是否真正指正南并不由地理南极点决定，而是由南磁极决定的。非常有意思的是，南磁极并不始终如一地固定在一个位置上。南磁极1965年的位置约在东经139度54分、南纬66度30分，1975年的位置约在东经139度24分、南纬 65 度 48 分。地理南极点和南磁极之间的距离约为 2300 千米。这就是人们常说的磁偏角，在世界一般地区，多数为一二度，因此往往被人们所忽略。到了南极，情况就截然不同了，仅中山站的位置就和地理南极点的磁偏角达 76 度。如果仅拿着指南针，开着车去南极点的话，恐怕永远也不会到达目的地。关于南磁极位置的变动，早已不是什么秘密，我国古代科学家沈括在其著作《梦溪笔谈》中就明确指出："方家以磁石磨针锋，则能指南，然常微偏东，不全南也。"队员们说："看来，到了南极使用指南针时还真有不少的学问啊！"

随着南极科学研究的开展，人类对于地球磁场也有了更进一步的认识。例如，极光是两极地区最奇特的自然现象之一，对极光变幻莫测的形状和颜色的研究有利于弄清大气的结构与物质组成。那么，极光是怎样形成的？为什么极光只出现在两极地区？科学家经过研究后认为：极光是电离层中的一种发光现象，一般来说电离层的高度为 100 ～ 1000 千米，在这个高度中大气部分被电离，呈离子状态。当太阳耀斑爆发时，大气圈以外的宇宙带电粒子以极快的速度经过极尖区，沿磁力线从极区进入地球大气，并与大气中的分子或原子相撞使其受激、退激而发光。

不同的原子和分子发出不同的单色光，这些光合在一起，就形成了千姿百态的极光，悬挂在天空，时而像彩色的帷幕，时而像艺术体操运动员手中挥舞的彩带，此起彼伏，好像广漠苍穹上的那一切，不光是光电的撞击、耀发，更像天空中的群仙会聚，在进行着精彩绝伦的表演。这个原理同我们日常所见到的氖气灯管一样，灯管中的惰性气体会受到带电粒子的冲击而发光。

中国南极考察队多年远征的成功，很大程度上是高度重视安全教育的结果。考察队不仅经常进行南极各种条约的宣传和贯彻，还把南极的各种自然地理现象介绍给队员，要征服自然，战胜自然，就必须了解自然，掌握大自然的规律。比如，南极经常出现的"乳白天空"现象，就要向队员讲清发生的原因、前人的教训、躲避的方法。南极洲的低温和冷空气的特殊作用，会

▶ 在中山站停机坪拍摄的变幻万千的南极光（李航摄影）

导致产生一种十分危险的天气现象，这就是南极探险家谈其色变的"乳白天空"。出现这种天气现象时，天地之间浑然一色，人仿佛溶入一杯浓稠的牛奶里，一切景物都看不见了，方向也迷失了，人还会产生一种错觉，分不清与景物之间的距离及景物的大小。造成这种幻境的原因是：太阳光射入冰层后又反射到低空的云层里，而低空云层里有无数细小的霰，又像千万枚小镜子，将光线四散开来，这样来回反复地折射，便形成了雾霭弥漫的"乳白天空"。这样的天气，对在极地上空飞行的飞机威胁最大，驾驶员会因分不清天上地下而失去控制，不少在极地飞行的飞机失事，原因大多数皆是如此。1958年，在埃尔斯沃斯基地，一名直升机驾驶员就因为遇到这种可怕的"乳白天空"，失去控制而坠机身亡。1971年，另一名驾驶"LC-130大力神"飞机的美国人，在距离特雷阿德利埃200千米的地方，遇到了"乳白天空"，突然坠机失踪，一直下落不明。在野外工作的考察队员遇到突如其来的"乳白天空"也很危险，因迷失方向而出事的情况时有发生。有的滑雪者突然摔倒在地，有的汽车翻车肇祸，因此坠入冰裂缝而伤亡的也大有人在。对于"乳白天空"，最安全的防范措施说来很简单，就是待在原地不动，或者就地挖掩体避风，注意保暖，然后耐心地等待"乳白天空"消失或救援人员营救。

除了"乳白天空"，在南极地区还时常出现非常有趣的景观，即蜃景和幻日。沙漠和海洋中的海市蜃楼人们早已熟悉，在冰雪世界的南极也会出现蜃景和幻日，就显得十分有意思了。这是怎么回事呢？科学家解释说：当巨大的暖空气层掩盖在密度很大的冷空气层上面时，这两层空气就起到了透镜的作用，使光线聚焦，像望远镜一样把远处的景物拉到人们的视线以内，产生一种特殊的假象，这种假象不仅使原本没有的景物无中生有，还可以出现两个毫无关联的影像。人们将这种景象称为"蜃景"。在"蜃景"这一景象中，在没有太阳的时候有时还会出现暂时的太阳，这就是人们常说的"幻日"。幻日的出现是由于极地上空弥漫着无以计数的小小冰晶体，它们就像水晶一样，将阳光四处散射开，形成围绕太阳的光环，这个光环人们称为"日晕"。有时在日晕两侧的对称点上，由于阳光照射，冰晶体会产生一种特别强烈的光，反射到人们的视野，使人觉得就像真的太阳一样，这种假象被称为"幻日"。蜃景和幻日的现象为极地增添了很多神秘的色彩。人们多么希望在一生中难得去一次的南极看一看这不可多得的壮观景象啊！

无论是在远征南极的航程中还是在建站、科学考察以及漫长的越冬过程中，面对队员的学习渴望，考察队都要定期开办各种学习班和讲座。人人都可以不用"粉饰"即可登上讲台成为老师，更何况考察队员中就有大学教授、讲师。

最吸引人的讲座莫过于摄影讲座了。几乎所有的队员都带有照相机，有的档次还很高；有的队员由于多年所从事的专业，很少接触照相机；有的可以说来南极前根本没有使用过照相机。为了节约胶卷，更多地留下弥足珍贵的照片，考察队员都希望尽快学习摄影的初步原理和基本技术，当然不乏更高层次的追求者。为了满足大家的愿望和要求，考察队就定期举办摄影讲座，从使用、维修到如何拍摄人物、静物、动物等，从如何采光到怎样克服冰雪的反光所造成的光强以取得最佳拍摄的效果等。有位队员是来自中央人民广播电台的杨时光老师，因为他是文字记者，之前在国内从来没有使用过照相机，而通过学习和实践，回国后竟出版了一本厚厚的画册；还有的队员不仅学会了照相机的使用和故障排除方法，还掌握了录像机的使用和保养常识。

全体队员必须参加的是考察站的设计和施工方面的讲座。这个讲座不仅让队员了解了设计构思过程，而且了解了为什么考察站要抗风、防火、保温，还清楚了施工的方法和过程以及在使用过程中的注意事项。这个讲座不仅使队员学到了机械知识，更重要的是让每位队员都了解了考察站的结构，并且在使用过程中会像爱护自己的眼睛一样爱护这个"家"，爱护这个"家"中的一切常用设备。

在南极，讲座时间坚持最长且从未间断过的就是英语讲座。这个讲座，根据不同层次、不同水平分别开班，既有教学计划，又留有作业和举行必要的考试。两个班分别配有录像带和专人辅导，每人还配有录音带以坚持听力练习。经过1年多的极地英语大学学习，很多队员都达到了"放单飞"的水平。虽然没有毕业文凭，但是它的价值是实实在在的，这难道不更令人欣慰吗？

谁能说中国南极考察队不是一所流动的大学呢！

在这所大学里，考察队员不仅圆满地完成了各自承担的任务，还学到了很多专业知识，掌握了多种技艺，既充实了业余生活，又陶冶了情操。

静谧的环境、洁白的世界，启迪了人们的悟性，在这里没有金钱的角逐，没有尔虞我诈的争夺，人们坚持的是一种纯洁、神圣的追求，大家和睦相处、真诚相待、相依为命，呈现出一幅五彩缤纷的生活画卷。

第六章

踏危生还的奇迹

// 第一节　被迫停止前进

有人经常问我："你们这些年的南极考察遇到的最大风险是什么？"我的脑海中立刻闪现出在南极遭遇冰崩的经历，心不禁为之一颤。那白色的蘑菇云，那破碎的冰山伴随着惊天动地的声响，翻滚着向我"极地"号扑来的恐怖场面，就好比一张张的底片，每次冲洗都显得那么清晰，仿佛过去的一切都发生在昨天。

这也许是 200 多年来在南极遇到的闻所未闻的最大风险。这是载入中国南极考察史的一次惊心动魄、踏危生还的真实记录。

1988 年 12 月 18 日，船长向全体队员广播说"前方发现一座冰山"，顷刻间，船上沉闷的气氛被打破，连晕船的队员都变得精神起来，这个忙着找照相机，那个忙着找胶卷，争先恐后地蹿出住舱，纷纷向驾驶台跑去。有长焦镜头的人赶紧抢拍下来，拿"傻瓜"相机的人真着急，用手比画着让船长快开，好快点接近冰山。是啊！有生以来第一次有机会和这么大的冰山合影，该是多么难得的经历啊！然而，仅仅过了几个小时，一座座冰山就像一只只白色的船帆，放眼望去，浩瀚的洋面上就像有一支浩浩荡荡的船队。当"极地"号行进在冰山逶迤的缝隙中时，那晶莹剔透的冰山在强烈阳光的照射下闪烁着蓝色的光芒，给人一种寒气逼人的感觉，同时也让人们初次领略到冰山的雄姿。当"极地"号进入了南纬 63 度 19 分，距预计建站地点还有 620 海里①时，海面上出现了密度为 1～3 成、4～6 成、6～9 成的冰区。

---

① 1 海里 =1852 米。

▶ 冰区航行（高振生摄影）

　　全船上下谈论的是冰情，关心的是冰情，议论的是"极地"号仅仅有抵抗 1 米厚当年冰的能力，怎么能通过这平均厚达 3 米，密度为 7 成、8 成甚至达到 10 成的浮冰区呢？全体队员的心情都非常沉重，船长魏文良在船只每颤抖一次后，都禁不住地摇头和叹息，连声说："太困难了！太困难了！""极地"号向南极大陆每前进 1 米，都会让全体人员深感欣慰。因此，大家都趴在船头两舷，随时为每前进 1 米而欢呼，经过 88 个小时的努力，距南极大陆只有 15 海里了，从陆地延伸到海里的陆缘冰，挡住了"极地"号的进路，船再也不能前进了。

　　88 个小时的搏斗，一艘时速近 30 千米的船，在浮冰区的平均航行时速仅为 5000 米，最慢时时速仅 500 米。"极地"号做出了贡献，但也付出了沉重的代价。12 月 21 日，考察队员徐景宏发现船头水线附近好像有一个洞，他立即向船长报告。经船长、大副、轮机长鉴定，船体首部 28 毫米厚的钢板竟被撞出一个 110 厘米×70 厘米的椭圆形大洞。这一消息很快便成了船上最大的新闻，顿时引起了轩然大波。

▶ "极地"号船顶在 3 ～ 4 米厚的浮冰上再也不能前进了（高振生摄影）

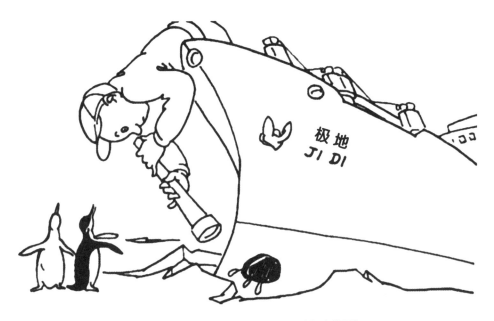

▶ 船头出现了大洞（胡冀援手绘，高振生供图）

　　"船的破洞对船的航行有危险吗？"这是多数队员的疑虑。

　　"这才到哪儿和哪儿啊，考察站怎么建呢？"破洞在他们眼里似乎没多大关系，他们所关心的仍是建中山站。持这种看法的人是对船舶比较熟悉的队员，他们一心想的还是建站。

　　为了消除大家的疑虑，不影响今后任务的完成，考察队党委决定召开全体队员大会，并且把船舶结构的图纸复印张贴出来。船长魏文良指着图纸对大家说："破洞的位置是首间舱，它本身就是双层的结构，水是灌进去了，但第一舱和第二舱之间又是密封的，海水灌不进其他舱室。"但他也不得不承认："这一创伤，对'极地'号的抗冰强度有一定影响，以后航行只有采取慢速前进的措施，到达预定锚地是不成问题的。"

　　队长郭琨为了缓和一下这紧张的气氛，淡化队员对船出现破洞的忧虑，说道："船只出现了破洞，当然不是件好事，但我今天听了一位船员给我讲的故事，我觉得也不必把它看得过重。这位船员说，第二次世界大战时期，中

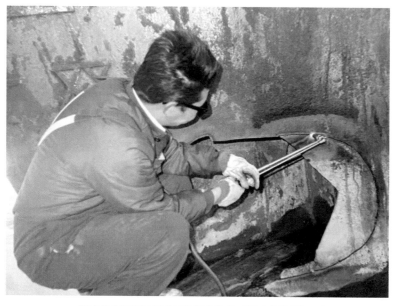

▶ 技术极为精湛的周文玉队员在修补破洞（张继民摄影）

国的一艘小炮艇和日本强盗的一艘大型军舰相遇，因为我船小，敌船大，火力配备相差悬殊，敌方的一发炮弹就把我方船头给炸掉了。别看小艇没了脑袋，照样开回了港口。"这番话引起了一阵哄堂大笑，原本凝重的气氛变得轻松了许多。

当天"极地"号不得不退出冰区。

两天后，"极地"号再次挺进到距陆岸 8000 米处，一直到 1989 年 1 月 14日，整整 22 天纹丝不动。

// 第二节　可望而不可即

在船上，举目远望南极大陆，依稀可见。眼前的情况是，"极地"号的船头顶在了从南极大陆延伸到海里的冰缘上，"极地"号再也无法向南移动一步了。

面对 3 米厚的浮冰，人可以步行去选址，去查看地形，却不能在冰上卸运任何建站物资。因为宽窄不等的冰缝让人不敢轻举妄动，哪怕丢失一颗螺栓都有可能影响建站的质量。更何况大吊车、大型设备一旦受损，后果将不堪设想。

此情此景，对于每一个肩负重任的考察队员来说，谁能不心急如焚？蓄力已久要为中山站崛起一显身手的队员们，此时却无用武之地。每个人都焦虑、烦躁、忍耐、压抑，谁不打心眼儿里企盼着中国能有破冰船呢？很多队员纷纷表示，待准备造自己国家的破冰船时，一定通知他，或出一把力，或献出一点智慧，或捐出自己的一份心意……

面对考察队员逐渐低落的情绪，考察队领导及时召开了全体会议，队长郭琨提出"等待不消极，积极不着急"的口号，号召大家献计献策。

"现在的冰处于融化阶段，我看用大锤砸、钢钎锥，就像从河里取天然冰那样，打开一条够小艇航行的通道把物资运上去！"很多队员持这种观点。

"不行！就小范围而言是有了通道。然而，面对大面积的浮冰来说它仍是游动的，万一把小艇夹在中间怎么办？"气象学家否定了这一建议。

"干脆让'极地'号自己用自身的铁锚砸冰前进！"这显然是一位不太熟悉船舶航行规定的考察队员的意见。

"重达5吨的铁锚固然可以做到这一点。然而，它的运动频率、寿命是有限的，万一锚链断掉或者烧坏了锚机，后果更不堪设想。"一位船员急忙反对。

"那就用船上的消防泵、水龙带抽海水冲击浮冰，促其融化！"一位搞水文研究的科学工作者提议。

"这当然可以做到，可8000米的距离要冲多少天呢？再说游离的浮冰有开就有合，照样可以夹住小艇和大船。"气象学家再次否定了这一建议。

"要不咱在船上加工一些小爬犁，把物资化整为零，用人工往岸上拉，遇到冰裂缝就一点一点地抬过去。"这是一位来自东北的队员的建议。

"这真是'蚂蚁啃骨头'的精神！在一定程度上是可行的，但大型物资运不上去，建站不还是没有指望吗？"站区房屋的主设计师苑炳南提出了自己的见解。

"唉！早知道有今天，选拔一位有特异功能的考察队员就好了，经过意念心想事成！"这似乎是一条无可奈何的意见。

正当大家一筹莫展望冰兴叹的时候，我国唯一踏足"三极"的大气物理学家高登义发言道："我们现在是'万事俱备，只欠东风'。只要有了大风，就好办。因为风大，涌浪就大，那么浮冰在涌浪的作用下就会破碎，再加上东风就更好了，它就会把浮冰从预计建站的海湾吹走。"

这个观点乍听起来显得有些无可奈何，却包含着很多的科学道理。在南极地区的主导风向是东风，而预定的站址又朝西南方，因此企盼大风，尤其是盼东风，成了当时人们的心愿。曾几何时，队员们还在议论，要是过西风带时没有大风就好了，谁知西风带的大风躲也躲不过，现在是盼风又盼不来……

当领导宣布休会时，不知是谁高声朗诵起高尔基的《海燕》中的一句话：让暴风雨来得更猛烈些吧！

多少个建议，多少条计谋，多少句良策都凝铸成一个心愿：早日向大陆靠拢，早日建站。考察队员胡冀援用自己的画笔记下了这难忘的22天，起名为《八仙破冰图》，刊登在了《极地之声》上。

▷ 当年刊登在《极地之声》的漫画《八仙破冰图》（胡冀援手绘，高振生供图）

　　然而，南极的夏季仅有 60 天左右，现在已经等了 22 天。这 22 天，煎熬、折磨着每一个人。然而，队员们的心没有怯懦，志没有萎靡，一部分队员开始在船上加工、制造浇灌水泥用的模板和必要的工具，一部分队员上岸进行测绘和建站的前期准备。南极大陆第一次出现了中国人搭建的帐篷。

// 第三节　带伤继续南进

　　1989 年 1 月 14 日被陆缘冰阻隔了 22 天的"极地"号，载着 116 名考察队员，蠕动着伤痕累累的身躯，再一次向浮冰带发起了攻击。

　　或许是海冰被考察队员们坚强的意志感动了，前一天，考察队员们还被 3 米厚的海冰封锁得寸步难进，第二天，一马平川的海冰就出现了裂口，有了松动。"极地"号再也不用靠自身的重量和冲击力去破冰前进了。"极地"号所到之处，好像浮冰有意裂开一道道豁口，把它引导到目的地。

　　考察队员们还没有从被困的 22 天的愁闷中清醒过来，对于主机的启动，继续向南挺进也没抱什么希望。大家三三两两地在甲板上散步，依然眉头紧锁。这时，队员徐景宏突然发现浮冰出现了大裂缝，"极地"号离岸比被困时近了很多。他拉着队友，指指画画，高声喊着："今天可能有戏！不信你们往前看，裂缝还真不少呢！"这时散步的队员纷纷抬起头，用怀疑的眼神观察着远方。突然，像是取得了共识，于是引起了一阵小小的骚动。因为谁也不敢高喊成功，只是小声传递、讨论着可能的成功。谁知，这个消息就像长了翅膀一样，所有在住舱的队员全都出来了。人们纷纷涌向船头，像是发现了新大陆一样，激动异常。遇到躲避不开的浮冰，"极地"号不屑一顾，劈冰前进，篮球场大小的浮冰不知今天怎么这么软，"极地"号就像犁地一样，势不可挡。队员辛兆建说："真过瘾！"更有甚者，队员朱斌胜拿过大副滕征光手中的对讲机，朝驾驶台的方向高喊："船长万岁！"多数队员朝驾驶台方向的窗口用手比画着，谁都明白他们的手势是在告诉船长：往南冲！整个船头沸腾起来，队员们异常活跃、兴奋，一扫22天的愁云。

22天冰原被困所积蓄的力量，使"极地"号开足了马力，凭着自身的重量和前进的速度把大块的陆缘冰顶开，然后一米一米地向前蠕动。1989年1月14日19时45分，"极地"号终于开到了拉斯曼丘陵的新月湾锚地，这里距岸边仅400米，也就是南纬69度22分东经76度24分。这一纬度，创造了中国远洋航海史上最南端的纪录。

停靠锚地后，队长郭琨召开全体队员大会，他说："我相信同志们是会珍惜这来之不易的建站机会的，但有一点需提醒各位，那就是安全。安全来自认真，事故出于麻痹，这是千真万确的真理。谁要是我行我素，对不起，我就让他上船休息。"他理解队员急于建站的心情，更理解"上船休息"这个处罚在队员心中的分量。接下来，我宣布了大家的分工。整个动员会只用了十几分钟，一场昼夜不停的建站序幕就要拉开了。

// 第四节　冰崩遇险

第一步进行小艇的试航，看看能不能顺利靠岸、登陆。其他人员做开舱、筹备工作。开始站在驾驶台上观察船只周围的水域时发现还比较开阔，判断小艇直抵岸边是没有问题的。谁知小艇在水中转了没两圈，水域就越来越小，最后竟被挤得无法通行。这时空中的海鸟、浮冰上的企鹅也都不见了。细细听，海水还有咕噜咕噜的声响；再看浮冰，冰块也抽风似地起伏旋转起来。

那只试航的小艇似乎有点失控，在不住地打旋。大船边的小冰山也在旋转，快速移动。海水中不时地泛起水花，哗哗作响。大气物理学家高登义对船长小声说："船长，海况异常，好像要发生什么事……"

没有经验的中国南极考察队哪里知道，这种迹象正是一场更大灾难来临的先兆。

船长魏文良也深感不妙，他迅速命令将小艇调上大船，看到锚链绷得越来越紧，他随即以百米冲刺的速度冲向驾驶台，对着话筒向船员发出命令："紧急备车！起锚人员各就各位！"

当一切都准备就绪，已是 22 时 35 分，在南极历史上史无前例的特大冰崩发生了！冰崩中心距船仅 0.8 海里。南极大陆平均 2000 米厚的冰帽，由于负荷过重，再加上温度不断升高，慢慢向大陆边缘膨胀。就在迅速崩开、断裂的一刹那，响声如闷雷，回荡在南极的上空。冰沫、粉状物升空的景象就如同原子弹爆炸时的蘑菇云一样在空中翻腾着上升，紧接着从上百米高的冰崖上崩下的巨大冰体，有的在坠落中破碎，变成大小不等的冰块，落到海上，而后像泥石流一样翻滚，呼啸着向"极地"号奔袭；没有解体的大型冰块，就像一座座小楼倒塌一样，潜入海底，然后像蛟龙出海般迅猛向前。在 1.5 海

▶ 这是第三次冰崩（高登义摄影）

里的断面上，一排排的断裂带向海平面倾倒，击起的水柱高达数十米，以冰山倒海之势，后冰推前冰地向"极地"号扑来。此时的"极地"号上下颠簸达 3 米多高，真可谓：海在咆哮，山在崩塌，冰群滚滚。人员、船只随时都有遭遇灭顶之灾的可能。不过几分钟的时间，"极地"号的前后左右已被冰块、冰山包围得水泄不通，最大的冰山已超过了驾驶台的高度。四周 10 平方千米的海域内只能望见蓝天，看不到海水。就这样，连续 3 次的大冰崩使"极地"号处在四面楚歌之中，使建站的希望几乎化为泡影。

▶ 砸向船头后又掉入海中的冰山（高振生摄影）

这历史上百年不遇的灾害，让我真正感受到了死亡的威胁。

冰崩发生之际，船长魏文良拉响了警报，第一次发出数次远征南极以来最简单、最严厉的命令："全体人员立即到甲板集合！全体人员立即到甲板集合！"

冰崩发生的瞬间，目睹这一惊天动地场面的队员陶祖源被惊得都有些口

▶ 冰山比船高，逼近高 10 多米的驾驶台了（高振生摄影）

吃了，他从船头跑过来对我说："完……完了，这下可完了！"我也是有生以来第一次被这恐怖的场景震慑得有些不知所措，我用眼瞟了一下伸手就可以摸到的挤压在船舷边的冰山，对他说："完什么，爬上去不就得了！"他接着说："高副队长，我找你主要是想请示一下，我想下底舱一趟，行吗？"

　　船长发布全体人员立即到甲板集合的命令，就是因为怕水线以下有可能被冰丘挤破进水，所以这时下底舱是很危险的。

　　于是，我就半开玩笑地对他说："小陶，你说话都不利索了，还敢下底舱？"

"我的房间还有两台大功率的对讲机，我想万一将来还能够建站就会用得着，还是把它拿上来，放到你房间吧！"此时的他，显然镇静了许多。

不一会儿，陶祖源手里拿着两条烟，边走边说："原来想等完成任务回国后招待同事们用的，现在看来也用不上了，反正我也不抽烟，你帮我分给大家吧！"

中山站的设计师苑炳南也走过来说："高副队长，图纸放到你的房间了！"

这时，建筑班班长辛兆建走过来，非常镇定地说："我们北海船厂来的 12 名考察队员，全都集中在一起了，如有堵漏、危险的任务请先通知我。"

摄制组的导演唐毓春，摄像师张黎平，中央电视台的记者庞一农、汪保国，国家海洋信息中心的摄像师王金会，五人一共五台摄像机对准了冰崩的发源地，用他们的行动做出了最好的回答。

一贯老成持重的队员姜庭元走到我面前，低声说："有什么困难，先叫我！现在队员都在看着你，一定要沉住气……"

身为副队长，领导着这样一批优秀的队员，我受到了终生难以忘怀的鞭策和鼓舞。

先期在南极大陆安营扎寨，当时正在做些简单测绘工作，以及做部分房屋基础挖掘的 16 名队员，听到震天动地的声响后，通过对讲机得知"极地"号附近发生冰崩。他们立即放下手中的仪器、工具，拿着绳子、铁锹，拼命地向"极地"号的方向跑来。一路奔跑，上气不接下气，看到映入眼帘的情景时，他们目瞪口呆。有的竟放声大哭起来，嘴里高喊着："极地！极地！"张国立一下子跪在地上，双手合十向苍天乞求："老天爷！救救我们的'极地'船吧！"虽然，"极地"号的解救不会因他们的祈祷而成功，但这些队员一夜没有离开，大家相互依偎在一起，眼睛盯着"极地"号。队长郭琨通过对讲机让他们回站址的帐篷去，但他们异口同声地说："郭队长，你就忙船上的事吧！不要管我们了！"他们从内心深处是不愿抛下遇险的"极地"号和队友们的。为了不让船上的领导和队友们牵挂他们，这些队员换了一个隐蔽的地方，继续密切关注着"极地"号的安危和船上同甘共苦的队友们。多好的队员！多好的队友啊！

▶ 冰崩后"极地"号船尾部的实况（高振生摄影）

当晚一封密电发往北京，如实报告了考察船的处境。1989 年 1 月 16 日，全国各大报刊在显著位置刊登了"极地"号遭遇特大冰崩的消息。

遵照时任国务委员宋健同志"确保人员安全"的指示，考察队党委做出"疏散、留守、抢滩"的决定，即疏散部分人员上岸住帐篷；一小部分人员在船上留守；如继续发生大的冰崩，威胁船只安全时就抢滩。考察队员深知抢滩意味着什么，那就是"极地"号将永远告别畅游大海的可能，这也是唯一保证船只不沉的最后一计。为节衣缩食应对意外，考察队决定把每天的四菜一汤改为两菜一汤。

在"极地"号上召开的大会上，船长魏文良对全体船员说："'极地'号是我们船员的家，是我们的命根子，是我们国家流动的国土。我们国家现在还很穷，又只有这一条远洋抗冰船，难道我们就这么狠心真要把它舍弃吗？不！同志们，我们坚决不弃船！我已挑选了8名同志，其他人员疏散上岸，我们誓与'极地'号共存亡！"

在考察队的会议上，考察队队长郭琨传达了党委的决定，我宣布了往陆地转移的人员名单。会后，好几位队员向我表示要和"极地"号共存亡，我都用眼神回绝了他们。回到房间，我正考虑下一步的打算时，著名表演艺术家金乃千教授走进来说："高副队长，我都这把年纪了，应该让年轻人上岸，万一将来能建站，他们到时还用得着。我睡觉少，在船上多值点班，就是有什么意外……再说我的专业也用不上了。"真诚、朴实的言语以及满含热泪的期盼，深深地感染着我，我含着泪同意了这唯一的一例请求。

金乃千教授在1月15日，也就是冰崩后的第二天，写了一首诗，登在《极地之声》上：

> 雪海翻腾冰山崩，
> 白色魔鬼来势汹。
> 笑尔扶摇三千尺，
> 难阻中山迎日升。

"极地"号的二副韩长文在1月16日写下了气壮山河的一首诗：

> 冰崩海啸魔烟起，
> 冰浪滚滚盖极地。
> 冰山林立断退路，
> 冰船临危志不移。

这不正是中国首次东南极考察队精神面貌的真实写照吗？

那些被疏散上岸的队员，脸上布满了阴霾。在"极地"号驶离青岛港时，哪一位考察队员不是精神焕发、踌躇满志呢？而现在，考察站的基坑里还没扔下一锹水泥，却落得这般结局，下到冰上的在逃生，留在船上的生死难测。

▶ 遭遇特大冰崩后疏散部分队员（张继民摄影）

▶ 不愿离开的队员们一步三回头的场景（高登义摄影）

我站在船舷，看着手挽行李、肩扛仪器、迈着蹒跚步伐、流着眼泪、一步三回头的队友，心里有说不出的难过。

要是听一听苏联（俄）进步站或澳大利亚劳基地站的一些考察队员对"极地"号处境的分析，更让人感到悲观和失望。他们认为，我们的考察船三年之内难以驶出新月湾。开始听到这种说法也觉得耸人听闻，但细细想来不无道理。假如这些延伸几海里的冰山变成搁浅在海底的固定冰山，就会成为拦截"极地"号的永久性天然屏障。因为新月湾锚地三面环山，唯一的出路早已被长达数百米的座座冰山堵得水泄不通，更何况船只在南极被冻住也是有先例的。

在这危难关头，生活在南极的各国考察站都伸出了友谊之手。苏联（俄）进步站站长谢苗诺夫指着进步站的集装箱建筑表示：他们站的房屋还可容纳50多人居住，如果中国南极考察队要疏散的话，他将亲自安排。澳大利亚戴维斯站站长乘直升机降落我方船，带来了澳大利亚南极局局长麦科先生的慰问。戴维斯站站长还表示澳大利亚的两架直升机可随时支援我们，还可提供20人的住宿条件。

人类在南极，是不分肤色、不分种族、不分语言、不分政治信仰的。国际合作和支援是南极人的最大特点。

// 第五节　再次雄起

冰崩，并没有吓倒勇敢的考察队员。面对既无进路、后路又被堵死的严峻局面，考察队员们决心背水一战。仅仅过了72个小时，也就是1月17日，考察队员们就拉开了卸运物资的序幕。

"一口想吃个胖子"，为了快，有的队员提出先焊个爬犁，这样可以多装点物资。说干就干，爬犁焊成了，由于冰面不平，实在拉不动，只好一个一个卸下来扛到岸上。

冰崩的暂时平静，重新燃起了大家建中山站的希望，队领导从前一日顺利地向陆岸疏散队员的行动中得到启发，再次决定让队员下到冰面上，向陆地运送活动木板房，准备在中山站站址构筑比较坚固的临时房屋，供后期大批队员登陆建站时使用。队员们拉的拉，扛的扛，干得热火朝天，一扫连日来笼罩在心中的阴霾，沉浸在忘我的劳动中……很快，一栋活动木板房就搭建起来了，在陆地上的队员们有了暂避风雨和休息的地方，心情也就不一样了。

另外，船员们还在"极地"号右舷的冰面上进行了70多个定点的水深测量。这片至陆岸比较开阔的浮冰海面，是"极地"号再遇大冰崩时实施退缩、冲滩的地方，获得其水深数据极为重要。备受鼓舞的队员，对冰的习性也有所熟悉，胆子也大起来了。他们认为有救生衣保驾护航，即使失足后掉进海里无非也是挨一次冻。记得有一回张国立不小心掉进海里又爬上来了，虽然冻得脸色苍白，但回到船上，喝了两口白酒，1个多小时后就又"活"了过来。大家去看他，问他掉到海里第一句话喊的是什么，他眉头一扬说："我先喊'极地'号万岁！下一句是同志们永别了！还想说两句闪光的话，没时间了，看俺这觉悟！"有人揭了老底："你别自吹自擂了，是不是想当英雄？我们旁边几个人都听到你喊的第一声是'哎！我掉到海里了！'"

初战的胜利，让考察队领导也开始有点不"安分"了，在晚上的"诸葛亮会议"上提出了一个实施爆破的方案。当夜就组成了爆破组，随即实施爆破。第二天就施放长城登陆艇，首先运送的是一台重达8吨的最急需、最关键的大型挖掘机，仅仅400米的距离，用了5小时16分，终于将第一台大型设备运上了南极大陆。初试的成功，让我决定再运送一台急需的浇灌水泥地基用的搅拌机。不管耗时几个小时，送上岸就是成功的开始。

1月18日，真可以说是飞行大集会，自考察队出发以来还没有看到过这样壮观的场面。先是澳大利亚戴维斯站的两架直升机在考察船周围的冰区做低空

▶ 距离岸边仅 400 米，运送一次却需要 5 个多小时（高振生摄影）

盘旋，马达声震耳欲聋。接近中午，澳大利亚的直升机刚刚离去，不知从哪里又飞来了两架尾端涂红色、其他部位为白色的飞机，同样在做低空飞行，甚至在冰山峡谷中穿行，它不厌其烦地一圈又一圈地在"极地"号上空盘旋，懂行的队员说是"伊尔-12"型飞机。他们的飞行给了考察队一个启发，即拍摄冰崩现场，获取冰崩资料。队领导决定我船租用澳大利亚的直升机也起飞。驾驶员维克多·巴克尔回来后说，他虽然 15 次来南极执行飞行任务，但从来没有看到过如此大规模的冰崩。从科研角度来说，这也是中国南极考察队的机遇。

晚上从岸上传来消息：这一天，冰山向深海方向移动的速度明显减慢，每小时仅推进 10 米。不少人听到这个消息后，叹了一口气。我也听到一些队友议论冰山进退的问题。在他们看来，只有冰山以像火车出站的速度一样移动，其后部才能与冰盖脱离，才能使考察船回到安全水域，对此，大家都不抱什么奢望。但是不能不承认 1 月 15 日观测到的冰山向深海方向移动的速度是每小时 27 米，因为我毫不怀疑岸上考察队员对冰山移动速度测量的准确性和科学性，测绘者是武汉测绘科技大学的两位教授鄂栋臣和徐绍铨，他们是用仪器进行定点观测的。

// 第六节　逃离"虎口"

　　1 月 21 日中午，队员们突然发现船后方的冰山之间出现缝隙，甚至透过狭窄的缝隙可以看到蔚蓝色的大海。顿时，这一消息又成了船上的一大新闻。队员们纷纷跑到船上的最高点——飞机平台上，高喊："快来看！真有一条缝隙，好像越来越大！"这既不能让人完全置信又不能轻易否认的消息，促成了考察队总指挥、船长、队长再一次升空察看，队员们聚集在甲板企盼着。顷刻间，飞机回来了，大家用企盼的眼神在征求船长的意见，只见船长魏文良一只脚刚着地，就一挥手，随后大喊一声："备航！"看来在飞机上他们就已经敲定了。

　　▶ 船长想从对面冰山左面钻出去，图中左下方为船尾直升机平台（高振生摄影）

　　"极地"号用了 1 个小时的时间，才使船头调转了 180 度，所有的队员都来到舱外甲板上，关心着这次命运的转折。大家既高兴又紧张，心情很矛盾很复杂。谁也没有想到，被困在新月湾锚地仅6天多，就有了脱离困境的机会，这与可能困在新月湾几年的说法相距甚远，大家感到好像是在做梦，怀疑这一切不是真的。但千真万确，这是真的。船在脚下移动，发动机声在耳畔轰鸣，船头正在不客气地劈开阻挡它行进的每一块浮冰。"极地"号在30多米宽的缝隙中穿行，利用冰山移动出现的瞬间豁口，果断地冲出了重围，来到了宽阔的海域。

▶ "极地"号正从左右两座冰山中奔向前方（高登义摄影）

呜——呜——呜——船长拉响了汽笛，人们欢呼跳跃，站上、船上放起了烟花，一名队员高喊："胜利大逃亡万岁！"紧接着就是一片附和声。

这一天是1989年1月21日。

1989年2月26日，在经历了1个多月的磨难之后，终于迎来了中山站的落成典礼。

▶ 中山站落成典礼现场（一）（高振生摄影）

▶ 中山站落成典礼现场（二）（高振生摄影）

第七章

考察站是怎样建起来的？

// 第一节　零的突破——长城站屹立南极

在南极要建一座小型考察站没有两年时间是完不成的。然而我国在南极建设的考察站，都是当年建设当年达到越冬的条件，成为常年考察站。

1984 年 12 月 30 日，考察队队长郭琨手擎五星红旗，率中国首次南极考察队登上南极，中国南极长城站的落成，仅仅用了 61 天。在这 61 天中，考察队员们面对的艰苦不胜枚举。从某种意义上说，"艰苦" 可谓南极的代名词。因为沉睡万年的处女地，是不会给陌生的来者提供任何方便的。考察队员们住的是薄如蝉翼的尼龙充气帐篷，铺的是橡胶充气垫，盖的是羽绒睡袋。大风常常把帐篷吹翻，大雪常常把帐篷压塌，队员们不得不把帐篷加固了再加固，用竹竿把帐篷撑起来。大风还常常把帐篷门上的尼龙拉扣吹开，厚厚

▶ 考察队队长郭琨手擎国旗登上了
南极（高振生供图）

的白雪便成了考察队员睡袋上的"压风被"。极地寒冷的地气透过充气垫，侵袭着每一位队员的肌肤，充气垫和睡袋之间常常是水淋淋的。从队长到专家、教授、工程师、技术员都是一个样，全体人员同吃、同住、同劳动，一起过着风餐露宿、饮冰踏雪的生活。长城站地处亚南极，气候异常，经常是凛冽的寒风、弥漫的大雪、连绵的雨水、伸手不见五指的大雾。可以毫不夸张地说，是风、雪、雨、雾这"四重奏"伴随着这 61 个日日夜夜。

▷ 暴风雪后的帐篷群（高振生摄影）

▷ 薄如蝉翼的尼龙充气帐篷（高振生供稿）

　　建站过程中的困难，可以说无处不有、无处不在，有时真是难得出奇，难得让人掉泪。要卸下从国内带来的各种建站物资 500 吨，就要通过小运输艇，每条小艇的运输能力非常有限，既要受到"向阳红 10 号"的限制，又要考虑站上吊车的起吊能力，数百次的往返，不分昼夜，是风、雪、雨、雾伴随着每一次的航行。有时赶上大雾弥漫无法航行找不到目标时，开小艇的队员就用对讲机呼唤站上的队友，请他们把汽车开到制高点，用汽车的大灯作标志，引导小艇靠上码头。大海有潮起潮落，小艇也有旦夕祸福。小艇在航行中，明明是刚走过的海区，由于落潮，回程时却被搁浅在浅滩和礁石上。为了争时间，抢速度，考察队员就将棍子插入海底，为小艇打倒车时助一臂之力。实在没办法时，就呼唤过往的兄弟艇拉一把。拉不下来的就只有望海兴叹，等待大海的恩赐——涨潮了。

▷ 当年唯一能起吊 5 吨货物的吊车和运输艇（高振生供图）

　　要让小艇顺利靠岸卸下其上成吨的物资,就要用吊车起吊,而这两者都需要有一个坚实的基础——码头。在南极建一座长 32 米、宽 6 米的码头,谈何容易? 风大、浪急、气候寒冷、海水温度接近冰点……如何下海打桩呢?

　　考察队决定趁潮水最低时,先深入预定最深处打桩。队员们穿上连身雨衣,站到齐腰深的海水中,迎着狂风,顶着浪涌,一锤一锤地把钢管打入海底。

▶ 用钢管、大锤、沙袋筑成的码头(高振生供稿)

　　冷,是真的。但来到南极就是要和冷做斗争的。每位考察队员都十分清楚:如果不赶在涨潮之前打好桩、填好土、加固好,那么一次的涨潮也许就会导致大家前功尽弃,海水在涌浪的作用下,会把人们所做的一切摧毁。

　　码头工地,大锤飞舞,钢管不时地被砸出火花,推土机、搅拌机隆隆的声音震耳欲聋。为了加固桩与桩之间的螺栓,队员手中的扳手有节奏地发出嘎嘎的声响,一袋一袋装好的沙石,“扑通、扑通”地被丢进海水中……热火朝天的场面,让人们忘却了寒冷。有的队员的雨衣内渗进了海水,却不声张;有的队员扶钢管的手被大锤砸肿了,用嘴吹一吹,继续坚持干;有的队员手脚冻得不听使唤了,仍不肯上岸,直到下一批替换的队员把他拽上来才去休息。就是这样一批一批地更换,考察队员用血肉之躯与潮水上涨进行着角逐。

经过大家的奋斗，一座长 32 米、宽 6 米的码头伸入大海，它不仅保证了物资的上岸，还给小艇提供了避风的港湾。

卸货、运输、施工同时进行，可以说是点多面广，高度分散，然而一切都那么井然有序。施工中的测绘、放线、挖坑、支模板、下钢筋网、浇灌、安装钢框架等，有条不紊地进行着。这一栋房子干完了，就进行下一栋。每位队员既有明确的分工，又身兼数职，在国内有的是司长、处长、教授、研究员，可到了南极，首先就是一名考察队员，忙就是岗位，无论搬运、搅拌水泥、开小艇，都是"干一行，爱一行"。难怪有的队员说："我们就是五线谱上的音符，叫弹什么就出什么音。"

是呀！自觉地跳动，在短短的南极夏季极端恶劣的环境下，超额完成预定的建站任务，演奏的不正是一曲雄浑的中国南极考察"大合唱"吗？

望着在南极迎风飘扬的五星红旗，回首走过的 61 个日日夜夜：飞雪打在面颊上像刀割；风吹在身上透心地凉；雨水、汗水浸透着衣衫；雾霭朦胧的天气给人以压抑感……这些，都没有使我们退却，我们用火热的心、艰苦的劳动，完成了祖国人民的重托，实现了几代人的美好理想，亲手完成了中国南极长城站的建设并取得了当年越冬的伟大胜利，实现了中华人民共和国历史上又一个零的突破。

长城站屹立于南极已经近 40 年了，原先的一号楼已经成了博物馆，供新来的考察队员和到南极旅游的人们参观。其他的变化可以说是日新月异，一切更符合科学考察研究的需要，一切更方便生活，"南极精神"薪火相传，39 年后的今天我更感慨的是长城站码头的昨天和今天。昨天为建长城站，没有码头卸货，就不可能建成，为此考察队付出了极大的心血和汗水，完成了一个长 32 米、宽 6 米的码头建设。39 年后的今天，我手里拿着这个码头的照片，思忖良久，不仅感慨"南极精神"的传承，还看到了一代又一代考察队员视码头如自己的眼睛，不断地翻修加固，给予了极高的重视和保护。在南极半岛地区 8 个考察站中，这个码头可以说是最重要最特别的。

▶ 坚如磐石、设备完善的码头（买小平摄影）

// 第二节　中山站矗立南极大陆

中山站的建设更是充满了艰辛和考验，考察队被困冰原，采纳了一部分队员的建议，准备用直升机把一小部分队员送上南极大陆，先做测绘、挖地基等前期工作。

这种决定是不会保密的，所以消息很快就传遍了每个舱室。在竞争激烈的情况下，摄制组的导演自然也不甘落后。在这苍茫大地，正是他们拍摄登陆、搭帐篷、度过在南极第一个夜晚的好机会。我非常理解这件事，但要求把人员数量压缩到最低限度，拍摄完成后立即返回。这样，一支由 14 人组成的先遣工作小组就上岸了。

中国在南极圈内或者说在南极大陆的首座建筑是什么？当属 1988 年 12 月 25 日和 26 日搭建的三顶帐篷。搭建者为姜廷元、张京生、张继民、庞一农、朱斌胜、白海刚等几位队友。原计划当夜搭建 5 顶，因为七八级强风肆虐，被迫停工。26 日约凌晨三时，大家吃上了一顿永生难忘的美餐——张京生以南极雪水煮的鸡蛋挂面。七八个小时没有进食的我们，加上强体力劳动，人人饥饿难忍，个个狼吞虎咽吃得倍儿香。

▶ 小小的三顶帐篷竟成了中山站崛起的基础（张继民摄影）

过了几天，到了该摄制组的人员回撤的时候了。我用对讲机和他们取得了联系，导演很快就做出了安排。这时，传来队员李林林的声音，他在替金乃千老师说情，说站上无论如何都不能少了金老师，请我批准金老师继续留在南极大陆。我怎么能同意呢？我说你们别管，让导演安排。很快，又一名队员说话了，还是为金乃千老师说情。我问他是谁，半天没人说话。这时导演唐毓春说话了："高副队长，大家，包括金老师都是这个意见，刚才我没敢说，因为金老师能帮助他们做饭，活跃生活，他们不愿让金老师走，金老师也说在这能为考察队多干点事，请你考虑。"我只好说："请唐导演安排吧！"接着，从对讲机里传来一片"乌拉"声。

去过南极的队员是理解的，必须控制在南极大陆的人员数量。因为这是在做前期的准备，所以一切都是临时的、简易的。住的是帐篷，铺的是泡沫板，盖的是睡袋，每增加一个人，大家随时都有挨冻挨饿的可能。更主要的是担心金乃千老师的身体。为此，第二天我特意问金乃千老师晚上睡觉冷不冷，他说："大家挤到一起还挺暖和的。"后来，金乃千老师告诉我在拉斯曼丘陵的日子真棒，他说："天当房、地当床，比在船上憋着强多了！"过了几天，快过元旦了，我和队长郭琨商量想把他们全都接回到船上，谁知他们来了个集体"请愿"。我也考虑到要动用飞机，起码也得飞四个航次，还可能有安全的问题，还不如我飞过去一趟，尽可能地多带些食品和其他补给，就按他们说的让他们留在南极大陆过元旦吧。

▶ 去看望南极大陆上的 14 名队员（高振生摄影）

一下飞机，我就看到其中一顶帐篷的门上有一行字，仔细一看，是"南极布达拉宫"六个字。我一时不解，旁边一名队员说："字是美工杨泽明写的，布达拉宫的名是金乃千老师领着我们想出来的。为搭起这几顶帐篷，我们费了九牛二虎之力，又怕被风刮跑了，所以绳子拉了一道又一道，住进去感觉好极了，就像宫殿一样。"啊！原来他们取"布达拉宫"的谐音，意思是帐篷是用布搭起来的，用绳子拉的，就像宫殿似的。我当时就想，要不是有以苦为乐、以苦为荣、心中装着尽快建好中山站的想法，恐怕很难达到这种境界。一个部队专用的班用棉帐篷，住着 14 名队员，铺的是聚乙烯泡沫板，盖的是睡袋，随着温度的上升，聚乙烯泡沫板底下还会出现小溪流水……

▷ 在"南极布达拉宫"前合影（汪保国供图）

　　元旦之夜，通过对讲机，从南极大陆的拉斯曼丘陵传来了 14 名队员的声音。他们说，他们正在举行欢庆元旦的联欢晚会，让我听听"南极之星"的声音。我正在纳闷，耳机里面就传来有节奏的、用筷子和勺子敲打饭盆的声音，接着就是洪亮的陕北民谣《有吃有穿》。是金乃千老师的声音！ 14 名队员，从 1988 年唱到了 1989 年，这也是中国第一次有如此之多的人在南极大陆、在中山站址庆祝元旦！

　　这 14 名队员做了大量的前期准备工作，为大批队员上岸打下了很好的基础。

▶ 风餐露宿的生活（张黎平摄影）

// 第三节　来之不易的奠基

奠基，顾名思义就是打基础。它既是一种传统的形式，又昭示着破土开始。

按说，在南极建立中山站，举行一个奠基仪式不应该也想不到会遇到什么麻烦。谁能想到陆缘冰横亘、冰崩围困已经耽搁了近一个月呢？每位考察队员心里都十分清楚：中国南极中山站的奠基石早已准备好，随时都可以运到站址。人们企盼着，领导在掂量着……是啊，小小的奠基石，是青岛的石匠精心挑选的灰色花岗岩，上面篆刻着标准的隶书——"中国南极中山站奠基石"。它不仅是山东人民的寄托，更凝聚着炎黄子孙的一片心意。如果宣布举行奠基仪式，这一新闻无疑会传遍世界各地，但一旦考察站建不起来，将面临十分难堪的处境。因此，考察队把奠基的事看得很重，实在是关系着祖国荣辱的大事。

船上的科学家，肩负着国家的科研课题，来到这地球上独一无二的原始状态和无与伦比的自然环境中，他们多么渴望一显身手啊！因为他们深知南极对于了解地球的演化和人类的进化具有极其重要的科学意义。现代地球科学可以证明：两极，从某种意义上说制约着人类的生存环境，控制着人类的未来。科学家投身到南极的动力，已不再是对极地的好奇心，而是对人类前途的责任感。但他们更清楚，没有考察站，就等于没有家，没有立足之地，那谈何探索科学、研究地球呢？

面对"极地"号上的2300吨物资，眼前只有3条小运输艇，况且最大的艇的承载能力才40吨，小一点的艇是当年建长城站时的功勋，仅能承载10吨。摆在中国首次东南极考察队面前的是既要卸物资又要建站，任务相当艰巨。无疑，这就好比一座大山放在骆驼背上，但世界上的事总是这样，只要在行动，就一定会有进展。在这里"愚公移山"已不是神话，而是现实。从冰崩后的第三天，考察队不就在人拉肩扛地卸运吗？

因此，考察队决定，来个"本末倒置"，即先卸货，在确实有把握时再向国内请示举行中国南极中山站的奠基仪式。经过船队没日没夜的拼搏，从1月21日脱离冰崩的围困，短短几天就已把各种关键物资运到了站区。从船上眺望中山站站址，皑皑白雪上不仅有几顶小小的绿色帐篷，还点缀着大片红色的集装箱，两台大吊车的长臂直插苍穹……真是今非昔比，与往日的荒原相比，如今已是五彩缤纷了。

经过慎重研究，得到上级的批准，定为1989年1月26日上午9时举行奠基典礼。为了隆重庆祝这来之不易的日子，扫尽往日的愁云，鼓舞全体队员的士气，开创新的局面，船、队决定尽可能地多上岸一些人，再把烟花和鞭炮拿出来庆祝。这个日子是一生中不可多得的，它将随着中山站的落成一并载入史册，借此机会留个影，未来时不时拿出来看一看，是非常美好的回忆。为此，很多队员都换上了新的胶卷，就怕错过了这千载难逢的机会，尤其是新闻记者和摄像师，有的忙着给拍照设备充电，有的准备了好几部照相机以备应急使用——在南极如果照相机暴露在外的时间稍长，快门就会被冻得不起作用了。

　　然而，南极又一次给考察队出了一道难题。从 1 月 26 日凌晨开始，就呈现出乌云压冰的气势，雾霭朦胧、浑然一色，风力达 6 级左右，"极地"号附近的海面已明显地卷起了雪白的浪花。这时船、队紧急磋商，船长认为：目前不能轻易放小艇，因为风大，浮冰、冰山在风和涌浪的作用下会对小艇航行构成威胁，如果小艇被夹在中间就不好办了。此时，站上早已准备得差不多了。锣、鼓、彩旗、标语等一应俱全，只等一声令下。就连两台 20 吨的大吊车都已就位——这个主意还是由司机们想出来的，他们把两台 20 吨的大吊车头对着头，拉开一定的距离，根据标语的长度，再把吊臂伸出来一节，组成了门式的结构。大家期待着、准备着……

　　此时，船上的队友们早已打点好了行装，到处打探什么时间开艇，几乎成了热锅上的蚂蚁。从 9 点等到 10 点，从 10 点等到 12 点，终于从广播里传来确切的消息，船长说：由于风大，冰区航行有一定的危险，经研究，奠基仪式不能再拖下去了，目前国内的新闻机构都在等待发消息。现在决定由以下 10 名代表乘直升机上站参加奠基仪式……多少人盼望着这一刻啊！有的队员气愤地说：前些日子盼风，好让风把浮冰吹走，风却不刮。现在是盼风停，风却不停，简直是见了鬼了！在南极，"人定胜天"的口号，又一次变成了一种美好理想。

　　迎着狂风，伴着迷雾，考察队员把会场布置完毕。从祖国运来的奠基石已经立直，上面覆盖着中华人民共和国国旗，五颜六色的彩旗把现场围成了一个圆。最引人瞩目的是"中国南极中山站奠基仪式"的大横幅标语被牢牢地固定在吊臂上，红底白字格外醒目。尤其令摄像师们叫绝的是，这横幅就像一把利箭，大有把背景巨大的冰山裁为两截的气势，拍出的镜头一定会巍峨壮观。30 多名考察队员加上唯一的外宾——租用的澳大利亚的直升机驾驶员维克多·巴克尔，站在横幅标语下，围着奠基石，队员们心潮起伏，热泪盈眶，恰似在狂风中挺立的青松，傲然地守卫在那里。也许是经历了太多的磨难，庄严的气氛覆盖了本应欣喜若狂的场面。

队长郭琨主持并宣布奠基仪式开始，陈德鸿总指挥致辞，他说："今天我们迎来这个奠基式是很不容易的。去年的 11 月 20 日我们从青岛出发，已经长途跋涉了 8719 海里，先后穿越了西风带，度过了冰原围困和冰崩的危险，从而证实了南极考察事业的艰难和崎岖……我深信，我们 116 名同志一定会不辜负党和人民的殷切希望，顽强拼搏，苦战 40 天，建成中山站，为我们的伟大祖国争光！"

他讲话后，为竖立在中山站站址前的奠基石埋上了第一铲土。

▸ 中山站奠基仪式（汪保国摄影）

紧接着是队长、船长开始埋土。这时不知是谁大喊了一声："给大伙留着点！"

气氛瞬间变得热闹起来。为了留下铲土的场景以及与"中国南极中山站奠基石"这几个字的合影，大家开始紧张有序地忙碌着，不时地还有一些很有意思的对话。

"我说兄弟，你悠着点，少铲点土，都埋上了我们还怎么照啊？"

"这奠基石本应埋在房子底下当地基用，可咱这房子是钢制的用不着当地基，可又没办法砌到钢制的墙壁上，队长说了就立在主楼前作永久纪念，等你照相的时候再刨开点不就行了！"

"哎！各位你们都别走啊，得给咱当个背景啊！"

很长时间过去了，还有人在奠基石处构思、拍照。

经武汉测绘科技大学专家鄂栋臣、徐绍铨共同测定，南极中山站精确的地理坐标为南纬 69 度 22 分 24 秒、东经 76 度 22 分 40 秒，中山站至北京的距离为 12 553.160 千米，中山站至南极点的距离为 2303 千米。

奠基仪式的结束标志着我们已经胜利完成了第一阶段的任务，战胜了前所未有的困难，昭示着一场全方位的拼搏就要开始，中山站必将在南极崛起。中国南极中山站位于南极圈以南的东南极大陆上，更具有重要的意义，它必将成为中国南极考察队进军南极点的桥头堡，为开始从中山站至南极点的大断面考察打下了坚实的基础。也可以这样说：中山站的奠基，为中华民族和平利用南极奠定了新的基础。

遥遥南极行，迢迢艰险路。我国首次东南极考察队为完成民族史上前所未有的远征，披荆斩棘，履艰历险，舍生忘死，踏万里恶浪，破千仞坚冰，经历了一次又一次的严峻考验，冲出了一重又一重的围堵困境，迈出了走向南极国际舞台举足轻重的一步，付出了难以言表的心血和汗水。从离开祖国的那一天算起，在整整拼杀了 66 个昼夜之后，终于在南极大陆上，为雄踞后世的中山站埋上了第一铲奠基土，竖起了第一块铭刻着中文汉字的碑石。

116 名考察队员不惜以牺牲生命为代价换取中山站的崛起。"丈夫皆有志，会是立功勋。"我们何惧风之猛，冰之坚，两千多吨物资保证如数卸完，计划中的工程将如期完成，誓言将变为现实，我们将用我们的血肉筑起新的长城！这就是中华儿女的铿锵誓言，也是"南极精神"的脊梁。

我们终于在南极大陆立足了，当我们挥起第一铲土的时候，请千万别低估它的分量和价值，这无疑是献给祖国新春佳节的一份厚礼，它将使思念父亲的孩子笑得更甜，使牵肠挂肚的妻子笑得更美。这一切都是为了祖国母亲的微笑，它也会让全世界的炎黄子孙感到无比自豪……

1989 年 1 月 26 日，请记住这一激动人心的庄严时刻吧！中国人按照自己的传统习俗在拉斯曼丘陵上点燃了第一挂响彻云霄的鞭炮，敲响了震天动地的锣鼓，它将唤醒沉睡万年的南极冰原，向世界宣告：中华民族将遵循愚公移山的精神，继承大禹治水的壮志，筑万里长城的雄心，辟丝绸之路的伟绩，扬郑和七下西洋的理想，为人类和平利用南极做出应有的贡献。

当中国南极中山站奠基的消息，传到时年 93 岁高龄的中国国民党革命委员会卓越领导人，中国人民政治协商会议第六、第七届委员会副主席屈武老人的耳中时，他十分高兴，表示热烈的祝贺。

在中国南极中山站奠基后的第 10 天，也就是 1989 年 2 月 5 日，在中共中央和国务院举行的春节团拜会上，李鹏总理代表中共中央和国务院向中国南极考察队祝贺春节。他说："东南极考察队的同志们远离祖国，在南极艰苦奋斗，克服了巨大的困难，开始了中山站的建设。全国人民都关注考察队的工作，请转达我对考察队全体同志的问候和节日的祝贺。"①祖国没有忘记，人民没有忘记身居旷古冰原的儿女们。

良好的开始，一定会是成功的一半。

在中国南极考察队的征途上，兴许真的验证了"黎明前夕最黑暗，成功前夕最困难"这句话。

---

① 党中央国务院举行春节团拜会 . 人民日报，1989-02-07：01 版 .

// 第四节　冰海弄潮

在建站过程中，1个多月没洗澡，1个多月没有照镜子，偶尔一看，镜子中的"四不像"，发出一声惊叹，这是我吗……

——摘自队员日记

到南极去建考察站，的确是太困难了，必须在有限的时间内，在有限的场地上，做出一系列事情，否则就可能发生危险。

到南极去就具有探险性，探险本身就是一种财富，它或许比幸福更让人难以忘怀。离开南极，回归人海，人们对名利看得淡薄了。有的队员说：死亡都经历过了，还有什么想不开的？我每每摆脱掉生活中庞杂纷繁的束缚，眼前总会浮现出队友们顶狂风、踏巨浪、战严寒、斗冰雪、冰海弄潮、拼搏建站的身影，仿佛从遥远的南极又传来雄浑的劳动号子……

穿越了西风带的狂风和巨浪，冲破了陆缘冰阻挡的 22 天，战胜了百年不遇的特大冰崩，已经在南极耽搁了 30 天，而今，终于迎来了 1989 年 1 月 26 日的中山站奠基典礼。这一天，拉开了"世纪之战"的帷幕。南极的夏天仅有 60 天左右，60 天的工作要在 30 天内干完，谁也无法估计每天的工作量，谁也不知道自己的承受极限是多少。可是，连眼都不眨一下的队员们张口就说："一定能干完！"支撑他们说出如此豪言壮语的是良好的设计、精良的设备和干练的队伍。

随队的新华社记者张继民在一篇发回国内的稿件中写道："在中山站的建站中不只有拼搏，还有历险。最危险的莫过于操纵着运输艇往返于港口和'极地'号考察船之间的队员们。"

　　在南极大陆建中山站，各种建站物资是第一次建长城站的 5 倍，共计 2300 吨，而人员数量仅是第一次建长城站的 1/5。无论是海况还是气温，都比第一次建长城站时要恶劣得多和艰苦得多。每名考察队员心里都非常清楚，到南极考察和建站，都要经过几道难关，其中非常关键的就是卸货。

▶ 艰难的航行，哪来的航路啊（汤妙昌摄影）

　　把卸货列为万里征程的一道难关而不提装船，原因很简单，在国内船舶停靠有码头，固定在码头上的各种起重机械使用起来得心应手，更主要的是这些机械都固定在坚实的地面上，即使装卸上万吨的物资也只是两三天的事。但在南极，情况就不同了。第一，这里没有码头；第二，万吨级的船不能靠岸。水下石笋、暗礁情况不明，大船只能在水深处锚泊，更多的是漂泊在远离陆岸的大洋中。卸运物资时，大船上所有的物资都要先吊到小艇上，利用小艇吃水浅、可停靠岸边或可以抢滩的特点，将物资吊运到陆地上，再根据需要用车辆拉到指定地点。

▶ 正式卸运物资开始（高振生摄影）

　　或许有人会说：这并没有看出有什么困难的啊？

　　那么，请仔细想一下，万吨级的母船在海上锚泊或者漂泊，是不是处于运动之中呢？应该说，它很自然地会随波逐浪、左右摇摆或上下颠簸……这也就是考察队员所说的"一动"；运动中的母船利用自身的吊车从舱内吊起各种物资，要上升、转向、下落，由于母船在运动，又由于风的影响，再加上吊臂的转向和下落，被吊物资也会处于摇摆之中，这是"二动"；所有物资都要经过小艇才能转运到站上，小艇停靠在母船旁边时，在风浪的作用下，上下跳动得会更厉害，这是"三动"。如何在这"三动"之中求"一静"，也就是怎样把物资稳稳当当地放到小艇上才是最难的。因为每从船上吊一件物资都要经过这一系列的运动过程，其中的难度可想而知。更何况小艇还要乘风破浪闯入冰区，在浮冰中穿插蠕动，这一系列的程序，可以说是环环相扣，紧密相连，任何一个小失误，哪怕是一颗螺栓掉到海里，都有可能使建站和科学考察受到极大的影响。

在南极大陆建立中山站，要闯过卸货这一关，从某种程度上说，更是决心加毅力、拼搏加科学才能顺利通过的一道难关。在冰海行船，小艇动力的消耗全都用在了对付浮冰上，那些厚度为 2 米的浮冰，大的像篮球场，小的像乒乓球台，全靠小艇左推右拐或靠人站在浮冰上用铁钩子拉开一块块阻挡小艇前进的浮冰，才能使小艇向前拱进 1 ～ 2 米。从母船到站区仅仅两海里的距离，最快的是 4 小时零 5 分钟运一趟物资，最慢的竟需要 17 小时 52 分钟，一般情况下都要花七八个小时。小艇在冰山中迂回，在浮冰缝隙中穿行，不是螺旋桨被打坏，就是舵机失灵。螺旋桨打在坚硬的碎冰块上，很快角度就变了形，甚至变成了 90 度，没有办法，只能是队员下到冰冷的海水中，把螺旋桨卸下来当场修复继续前进；舵机失灵，主要是水中阻力太大，造成传动机构损坏，一时无法修复，找个扳手就用手操作，让小艇朝既定的目标行驶……

目标，在哪里呢？站在小艇上放眼四望，座座冰山，参差纵横，哪个冰山、冰丘不比小艇高呢？一座座高耸入云的冰山，就像大自然设置的层层屏障，千姿百态的冰山造型没有任何人工斧凿之痕，完全是大自然带给勇敢者的一种享受，它洁白无瑕、晶莹剔透，即便是黄昏，也掩盖不住它那勃勃的生机，给人一种奋发向上的鼓励。队员们已无暇欣赏眼前的美景，为了给小艇导航，他们在站区制高点竖起钢标，还是无济于事，因为每条小艇上都要装 4 个大集装箱，还有其他的物资，早已把开小艇的艇长的视线挡了个严严实实。一谈起这些，开小艇的艇长成城、傅金平、阎武 3 个人的"牢骚"就多了："我们哪里是什么艇长啊，简直就是一个活工具。"每条小艇上配的两名充当水手的队员，反而"翻了身"，成了名副其实的艇长。著名话剧演员李国华站在集装箱顶上，声如洪钟地呼喊着"中山一号"艇的艇长：向左！向前！神气极了，他既当水手，又当引航员。有时因为风雪弥漫，声音再大也听不见，他就发明了一些固定的手势，只见小艇一路走，他一路变化着手势：

一会儿双手前平举，一会儿双手侧平举，一会儿一手侧平举一手垂直，一会儿突然转过身双手攥拳朝开小艇的人示意……他的手势是那样娴熟，那样自如，大家称这些水手们为"冰海大副"。他们迎着狂风，伴着飞雪，傲然屹立在制高点，似乎暴风雪会把他们雕成一座"冰雕"，但他们全然不顾，丝毫不辱"冰海大副"的称号。而另一名水手，时而下到冰面去，一会拉冰，一会跑到侧面告诉艇长方向……

▶ 小艇的最高处站着一名队员（图中蓝色箭头所示）在指挥方向（张继民摄影）

然而，5 ～ 17 小时的航程，怎么躲得过瞬息万变的大自然对小艇构成的威胁呢？南极大陆的下降风随时都有将小艇吞噬掉的可能。记得 1989 年 1 月 26 日，被困在冰隙中的小艇，突遭下降风的袭击，上下颠簸达 2 米，左右摇摆已无法站立。"中山二号"艇的大副姜廷元已经意识到，稍有不慎就会招致冰海沉船。在凛冽的风雪中，他依然坚守岗位。突然一阵狂风夹着暴雪铺天盖地地席卷而来，只听咔嚓一声，用于固定"中山二号"艇和顶推轮之间的两厘米粗的共四根钢缆被挣断，两条小艇迅速分离，正巧撞到"中山一号"艇上，两艘小艇为之一震，姜廷元顿时像皮球一样被抛到冰海中。"中山一号"艇的李国华被摔倒在集装箱顶上，他紧紧地抓住集装箱顶上的绳索，大喊一

被困在冰山和浮冰中间的小艇（汤妙昌摄影）

声："有人落水了！有人落水了！"

姜廷元可不是一般的水手，他有着十多年的海军侦察兵经历，早就练就了在海上生存的真功夫。他一落水时就意识到：如果 1 分钟之内上不来，很可能就会变成冻肉。因此，他迅速跃出冰面，找到目标，纵身一跃，抓住小艇边缘防碰垫的绳索，就再也没有力气往上攀了。当队友们赶到时，他已冻得脸色发紫，嘴唇乌黑，羽绒服上挂满冰凌，身体开始僵硬。大家连拉带拽，总算把他拖上小艇。然后，迅速地把他抬到十分窄小的机舱，扒下他的衣服，给他换上不合体的旧衣御寒。在这万分危险的时刻，"极地"号 6 次接近小艇救援，都由于冰山横亘未能奏效。当问及小艇人员有什么困难时，他们通过对讲机声音洪亮地回答："请领导放心，人在货物在！"

英雄，这难道不是英雄吗？

人们常说：演员的悲剧在于没有观众，指挥员的悲剧在于没有拥护他的士兵。

此时此刻，这个英雄群体的指挥员在哪里呢？

▶ 站在建筑物框架上的队员在指挥方向（张继民摄影）

　　船长魏文良、大副滕征光、二副韩长文，分三班在驾驶台操纵着"极地"号低速运行。时而躲避冰山，时而让出冰缝把背风的一面留给小艇停靠；而不当班时，他们就到第一线亲自指挥大吊车往小艇上吊卸物资。卸运物资初期，考察队队长郭琨日夜在船上指挥，他根据站上的需要，按轻重缓急分门别类地把各种物资装到小艇上，为了使这支队伍保持良好的耐久力，他合理地安排队员的饮食起居，关键时刻又体现出大将风度。

　　让队员难以忘怀的是关于一块长 8 米、宽 3 米、厚 12 厘米、重达 1 吨多的发电楼墙板掉到海里的事。陈荣春是北海船厂的一名技术全面的工人，还持有大型物资吊装的指挥证，因此被任命为拿指挥旗、吹口哨的一线指挥员。当一个人的才华有了施展的机会时，他的干劲和风采简直是难以言表的。他几乎 24 小时不休息，不停地打着小旗、吹着口哨，郭琨几次劝他去睡几个小时，他都不肯下岗。一天夜里，风大浪高，小艇上下颠簸达 3 米，在那块发电楼墙板即将接触小艇的一刹那，相互间发生碰撞，致使墙板掉入冰海。回到房间，陈荣春痛哭不已，两餐未进，连夜写好了检查。可是队长郭琨却下令不准任何人责怪这位工人，并宣布这是一起谁也无法避免的意外事故，队里有备料，有技术人才，完全可以弥补这一损失，没什么大不了的。为此，陈荣春深受感动，精神抖擞地重返第一线，打着小旗、吹着口哨，最终圆满地完成了任务。考察队副队长高钦泉日夜坐镇码头，他既要考虑人员的安全，又要照顾货物不受损失。每当小艇停靠在岸边时，他首先给小艇上的队员递上一支烟，然后嘘寒问暖，并且通过对讲机让后勤班班长准备好热水和热饭，安排这些同志利用卸货的间隙休息一会儿……冰海中的小艇，时时牵动着每位领导的心，他们彻夜不眠，用对讲机随时和他们保持着联系。正是这些领导身先士卒的模范作用，才使考察队这个群体特别团结，特别富有战斗力。

28 个昼夜，3 条小艇共出动 104 个航次，运输完包括 14 部车辆（最重 24.5 吨），67 个集装箱，10 个长 13 米、直径 3 米的大油罐，发电机，建筑材料，施工机械共 2300 吨，闯过了卸货这道难关。这难道不是心血和汗水、拼搏和奉献的民族精神在南极的再现吗？

// 第五节　奋力建站

建站是和卸货同步进行的，116 人的队伍中，船员有 40 名，仅有 76 人的考察队要分为小艇、码头、转运、基础开挖、测绘、建筑、后勤、气象等部门。人员基本是 3 人一组，5 人一班。在 1 平方千米的范围内，工地同时开工的有办公生活栋、宿舍栋、气象栋、储油库、发电栋等。负责开挖基坑的队员，完成了第一栋的基坑，接着就干第二栋、第三栋、第四栋，负责支模板的、安装钢筋网的、浇灌水泥的都照此类推，任务的需要就是命令。可以这样说，施工的过程既是科学的继续又是拼搏的高潮。

在中山站整个系统的设计中，从一开始就明确要求：一切设计要考虑到加工制造，一切设计要考虑到运输、起吊、装卸的方便，一切设计要从现场施工的快速、简单、高效率着眼，一切设计要考虑到能在国内加工就不带到南极现场加工。

▶ 紧张的吊装（高振生摄影）

这些要求，看起来简单，但需要从指导思想上建立起一整套系统工程的概念，使设计、加工制造、运输、装船、卸运、施工一环扣一环，绝不能在任何一环因考虑不周而导致滞工无法进行下一步的后果。比如中山站发电栋的墙板，每块高8米、宽3米、厚12厘米、重1吨多。首先就要考虑：从北京运到青岛装船，是火车运还是汽车运？火车允许超宽、超高多少厘米？汽车允许超宽、超高多少厘米？其次要考虑到"极地"号的舱口尺寸，能否装进船舱。最后要考虑到卸运时运输小艇的长度、宽度能否放得下。一切的一切，都要按这种逻辑进行，否则就无法保证在特殊环境中顺利完成施工任务。

同样，设备的购置也要考虑到这些要求。正因为有这些要求，所以最终才没有购买那台能起吊 40 吨的吊车，而是改为购买能起吊 20 吨的吊车。因为"极地"号本身的吊车最大负荷为 25 吨，也正因此，中山站的大油罐在设计时定为长 10.86 米，直径 4.26 米，一共 10 个，总储油能力 500 吨。特别需要指出的是，在装船过程中还要按照施工的顺序，采用倒装法，即到站上最需要的物资，反而要最后装船，以便到站上时能把最需要的物资很快卸下并安装到位。采取边卸货、边建站的方式，这就是在 30 天中建成中山站的关键所在。

要施工，要建考察站，就要像在国内盖大楼一样挖地基。俗话说：冰冻三尺，非一日之寒。在世界一般地域，非一日之寒最多指的也不过是经过一个冬季的冻土，而南极的冻土是永久性的，况且还有砾石、岩石构造。考察队要挖近两三千立方米的地基坑，按常规得需要多少个工时呢？机械挖不动时，就人工挖，铁锹、羊镐、钢钎、风钻轮番使用，实在没办法就用手抠。就是这样，在南极没见过谁有怨气，没听说过谁有牢骚，也没有"常规"这两个字，有的只是拼搏和奉献。干！干！干！驱使着每一个人在行动。酷寒的极地，队员们却能挥汗如雨、赤膊上阵。挑重担、抢重活蔚然成风，老不惜心、少不惜力，构成了考察队紧锣密鼓的一部"南极进行曲"。老有所用，少有所长，老同志发挥了足智多谋的长处，献计、献策，确保安全；年轻同志身强体壮、反应敏捷，常常出现在繁重、危险的岗位上。在一场全方位、多工种、工程项目一齐上马的战役中，卸货、运输、施工同时进行，可以说是点多、面广、高度分散，但一切都那么井然有序。

比如，开吊车的徐景宏、张正树、崔健两辆车配备 3 个人，无须领导指挥、调遣，24 小时不停，也就是有需要吊的货物或者有安装任务，吊车上就必须有人，关键时刻还要保持 3 个人都在场。负责施工的队员，有明确的分工，包括测绘、挖坑、下钢筋网、支模板、搅拌水泥、运输、浇灌、震倒、安装等。在不足 1 平方千米的战场上同时进行的有五六项工程，可以设想几十个人的队伍是如何运转、如何分工、如何在极端恶劣的环境下在短短的 30

天时间内超额完成预定的建站任务的。在国内常听说"满负荷"工作，可在南极，很多从工厂出来的队员却说：在南极是"超负荷"工作。有的队员说：一个萝卜应该一个坑，可在南极是一个萝卜要占几个坑。可以这么说，在这个战场上分不清谁是司长、处长、专家、教授、研究员、工程师、技术员。在中国南极考察事业这部钢琴上，每位队员都身兼数个音符，自觉地跳动，奏出的是一部和谐、美妙、感人的南极乐章。

　　施工过程中最关键、最艰苦、最繁重的工作莫过于混凝土的搅拌。人员做了严格的分工，当然这种分工是相对的，也是根据每位考察队员的体力划分的。年轻力壮的朱斌胜、白海刚负责搬运水泥；瘦小文弱的摄制组美工杨泽明负责搅拌机的上水和添加脱水剂；50多岁的副研究员陆龙华负责烧热水和把用过的水泥袋、尼龙编织袋一个一个地整理、叠好、捆扎起来，这也是保护南极环境所必需的一道工序……还有负责往搅拌机里倒沙子、石子的姜德中、高登义、张黎平、唐毓椿、宋明之等共10多个人的专家、学者队伍，也在井然有序地劳动着。

▶ 最艰苦的是水泥搅拌（高振生摄影）

搬运水泥、沙子、石子的队员最累,他们一开始还挺潇洒,真可以说是轻轻地一抓就起来。不消1个小时,就改为双手抱了,实在累得不行了,就用肚皮顶着,为了往料斗里倒时省点力,就把腿再抬高送一程,实在坚持不住,就改为两人抬了。尽管这样,也没有人喊一声累,仍在默默地运送着。有人问起曾两次到过南极的"晕船大王"、36岁的教授赵俊琳:"你好像比干环境考察还卖力气啊!"他有气无力但又精神倍增地回答道:"是啊,所有南极人都得这么干,这是规矩。"

几个小时下来,沙子、石子以及被风吹起的水泥粉尘,已经把这些队员重新"包装"了一下,汗水和这些粉尘一结合,再加上人不停地动,好像在皮肤表面也开始了"搅拌",猛然一看,恐怕很难辨别出他们都是谁,哪怕用浑然一色来形容也丝毫不过分,唯有墨镜的颜色还能和浑身上下有所区别。每到休息或吃饭时,这些队员浑身就结了一层硬皮。有人就对这些队员开玩笑说:"你们穿着这身铠甲,要是和别人决斗的话,肯定刀枪不入!"这些队员只是一脸苦笑,因为脸上的硬痂,使得他们都无法笑得自然一点了。

累,是这些人共同的体会。累得连话都懒得说,累得像洗手、找把椅子坐一下、脱了衣服到床上躺一会儿这些都可以从简。吃饭的时候,一看椅子不够,就一屁股坐在地上。当有了空位子,别人告诉他可以坐一会儿了时,得到的往往是歉意地一笑,还加一句:"已经坐下了,爬不起来了,算了算了。"负责搬运沙子、石子、水泥的这些队员,要不停地往搅拌机里倒沙子、石子、水泥,每袋的重量是50千克,一天要搅拌30吨左右,由于双手不停地做提起、放下、倒入的动作,力量都用在手指上,到吃饭的时候手指都不能自如屈伸了,连馒头都拿不住,有的人干脆就把馒头放到桌子上啃。

那真是累呀!只要一听到休息的口令,根本不找地方,为了多歇会儿,连水泥袋都不嫌脏,坐一袋,枕一袋,不消几分钟就睡着了。此时大家心里很明白,就这么几个人,建设中山站的任务又必须在规定时间内完成,否则就会半途而废。在南极,既无兵增援,又不能推迟撤离的时间,否则海面封冻，船就开不出来了。在这种情况下，所有人没有年龄、学位、职务之分，只要有时间，就要拼命干，直到精疲力竭。可有时，为了争时间、赶进度，我又不得不宣布延长一定的劳动时间。当我转身离开时，总会听到一句："真是个'暴君'！"听声音我自然知道是谁说的，因为同舟共济的海上生活大家早已知己知彼了，但不由自主地还是要回头寻找一番，得到的是大家"哈哈"的一声哄笑，这笑声在南极的上空久久回荡……

▶ 搅拌站旁就地就睡着了（张继民摄影）

我清楚地记得，1984 年在中国首次南极考察并建立长城站时，由于条件艰苦、时间紧迫，每天工作长达 16 个小时。一觉睡去，往往第二天就很难按时起床，每天都是队长郭琨亲自挨个帐篷地去叫大家起床。郭琨队长德高望重，没人敢当着他的面说出给他起的雅号"周扒皮"，大家只是在确认他听不见时，才过过嘴瘾而已。"周扒皮"和他们称呼我为"暴君"是多么相似啊，大有异曲同工之妙。是啊，不同的世界观，站在不同的立场，再加上没有身临其境的体验，是很难理解这些远离祖国的人，在这样艰苦的环境下，在这样自觉的奉献中，所说出的这些"恶狠狠"的话语的真正含义的。我稍有体会的是：这就是在寻找刺激，刺激大家一笑，放松片刻；刺激大家寻找话题，缓解劳累的感觉……

理想与时间在期待中较量，意志与困难在时光中抗衡。

为了赶在 1989 年的除夕前完成主楼建设，让全体队员在新楼会餐，建站工作掀起了又一个高潮。炊事员李林林加上金乃千、郑在石、庞一农，保证24 小时不间断供应饮食；负责发电的工作人员李德成、宋明之、夏松谦保证24 小时供电；司机宋春和因手受伤还吊着胳膊的国德宏日夜奔驰在崎岖不平的运输线上；500 吨的储油库的安装在顺利进行，已悄悄地流进了 200 多吨的柴油；为了保证按时接通新楼电源，电工孙建顺竟三天三夜没有睡 1 分钟的觉，硬是完成了室内的电源安装工作。当除夕夜的新年钟声敲响的时候，队员们吃着饺子，品尝着初战胜利的美酒，欣赏着自编自演的文艺节目，都情不自禁地流下了激动的泪水。此时，我想每位队员，都在遥望北方，默默地向亲人、向祖国人民祝福……

南极的夏天快要结束了，还有 10 多天队员们就要撤离南极了，但是初战的胜利，又一次地让考察队队长郭琨和所有队员开始不"安分"起来。虽然，中山站初具规模，基本可以具备越冬的条件，但是没有建发电机房，这会给越冬队员的生活带来不便。因此，考察队决定再一次地向时间发起挑战，要在 10 天之内建成发电楼！

建发电楼谈何容易？该建筑是总高将近 9 米、长 24 米、宽 12 米的两层楼式的结构。根据既定方针，必须把每片单体在地面上安装好，组成就像我们常见的方凳一样的结构，再用两台吊车同时将这一重达 14 吨的"方凳"立直，与地面上的地基吻合，再用螺栓拧紧，才算完成第一跨的任务。以后就以此类推，并且让每跨之间连接好。

这看似简单的过程，实际难度是没有亲身经历过的人很难想象的。摆在考察队面前的困难是：很难再有风力 6 级以下的机会，两台大吊车起吊

▶ 初具规模的中山站（高振生摄影）

▶ 建发电楼吊起第一跨（高振生摄影）

14吨的"方凳"没问题，但是吊起后无法令其"立正"。即便是解决了"方凳"的"立正"问题，又不可避免地会出现"矫枉过正"的危险，甚至导致吊车倾覆。用司机徐景宏的话说就是：吊车是起吊用的，它不具备"拉回"的功能……眼前的困难，我是有预料的，所以在设计之初就研究了几种解决的方法。而眼前在时间紧、任务重的情况下，又来不及加工、制作很多附加装置……

南极的夏季即将结束，气温急剧下降，忙碌了一天的队员们不顾大风夹着飞雪打在脸上火辣辣地疼，两眼紧盯着施工现场。只见大吊车就像两名威严的哨兵，分别矗立于横卧在它们中间的大"方凳"两旁。长长的吊臂，直插风雪弥漫的雾霭中。摄制组的两台摄像机、中央电视台的两台摄像机和国家海洋信息中心的一台摄像机，共5台摄像机都穿着自制的"棉袄"，对准了施工现场……

郭琨、高钦泉和设计师苑炳南、现场制作师辛兆健等再一次地对准备情况进行检查。此时，站在指挥位置上的我思绪万千，南极中山站的设计，有我的心血和汗水，建站机会来之不易，而且已经取得了初战的胜利，如果最后一搏出现什么闪失，个人的辛劳将毁于旦夕之间，考察队的荣誉将受到巨大的损失，我也将会成为历史的罪人，一想到这些，心里还真有点打怵……

这时郭琨、高钦泉健步向我走来，我当时都没反应过来是谁先说的这句话："按既定方针开始，出了问题我负责！"这两位领导和老同志，不断重复着这句话。大将般的胸怀、坚强的后盾，让我振作起来，为了实现10天建好发电楼的目标，我吹响了哨声，下达了起吊的命令。

风呼啸着，鹅毛般的雪花在空中做横向"扫描"，吊车操纵室的雨刮器嚓嚓嚓的声音在空中回响，透过雨刮器刮过的玻璃，能隐隐约约地看到司机瞪大了的双眼。只见吊车的钢缆，像一条长蛇，吱溜吱溜地在向上钻，随着钢缆的绷直，大"方凳"开始离开地面，随即发出了嘎吱嘎吱的声响。很多队员的表情凝重到了极点，有的在引颈翘首，有的在伸手示意"停"。我深知这

▶ 第一跨立起后暴风雪来了，旗杆上的国旗看着变短了（高振生摄影）

▶ 我连夜组织吊装第二跨，以保证其相互依靠不被风刮倒（高振生摄影）

▶ 旗杆上的国旗看起来长短一天一个样（高振生摄影）

▶ 掉到海里的那块墙板在重新加工中（高振生摄影）

是不可避免的，是安装过程中的误差造成的扭力产生的。随着"方凳"的上升，我的注意力全都集中在目测"方凳"的水平状况上，如果稍有倾斜，哪怕是左右误差在 10 厘米，都会给建筑物带来不坚固的后患。如果误差在 20厘米，后果将是大"方凳"的解体，导致前功尽弃。在国内时，设计师都严格地计算过大"方凳"上螺栓的剪切力。两台吊车的司机根据操纵室内对讲机中的指令，随时调整运行的速度，当"方凳"升到不能再升的时候，我下达了转臂的命令。只听咕隆一声，是凭借的风势还是天公有眼，反正大家定睛一看，只见大"方凳"稳稳当当地停在了基座上，一座两层楼的雏形屹立在风雪弥漫的南极大陆上。大家拥抱在一起，欢呼声回荡在南极的夜空……

8 天，仅仅用了 8 天，545 平方米的发电楼，就完成了整体吊装任务，给越冬队员带来极大的喜悦，充盈在全体队员心中的是无比的欣慰。

奇迹就是这样产生的，而且蜚声海外。我们经常听到苏联（俄）进步站的科学家说：几天不来就不认识了！令澳大利亚国会议员代表团惊讶不已的是速度，让澳大利亚戴维斯站的建筑师羡慕的是发电楼的精湛设计。他们专

▶ 澳大利亚国会议员代表团前来参观（高振生供图）

门用飞机拉着工程技术人员来中山站参观、学习甚至索取图纸，还把我国的设计人员请到他们站上讲课、传授技艺。试想，如果不是惜时如金地拼搏，科学地利用短暂的黄金季节，把30天当成60天来拼搏，怎么可能产生如此的"轰动效应"呢！

中国南极中山站屹立在地球之巅已经30多年了，当年的建设者也已经各奔东西。当年同舟共济的队友，每每相见离不开的话题就是南极之行的那个集体，那踏危生还的惊险时刻，那拼搏建站的日日夜夜……深情留恋之余，总要说上一句："我也不知道那时是怎么过来的。"有人回应道："嗨！不管怎样过来的吧，反正大家都一样。"

张国立写过这样一首告别诗：

在南极

我们用血汗和泪水

结构成

永久的记忆坐标……

蓝的天

白的雪

那橘红是脊骨……

在我们的身后

留下了一串脚印

一段共和国的历史……

30天，在历史长河中只不过是短暂的一瞬。然而，它熔铸在考察队员心中的却是难忘的里程碑。

望着迎风飘扬在南极的五星红旗，回首走过的30个日日夜夜，在最寒冷、最痛苦、最劳累时都没有掉过一滴眼泪的全体考察队员，在歌唱雄壮的《义勇军进行曲》时却泪流如注，恸哭不止……

中国南极考察站日新月异的生活，不止是全体队员斗风雪抗严寒、夜以继日拼搏换来的吗? 全体队员以沸腾的热血、辛勤的汗水,在艰难困苦的环境中完成了祖国人民的重托,实现了几代人的美好理想,亲手完成了中国南极中山站的建设并取得了当年越冬的伟大胜利,取得了中华人民共和国历史上又一个零的突破。

1989 年 2 月 26 日这一天,标志着炎黄子孙在南极打破了坚冰,开通了航线,扎下了根,相信它定能长成参天大树,结出丰硕之果。

第八章

南极考察站长什么样子？

各国在南极大陆及其周围的岛屿上，建了很多考察站，每一座考察站都是一座科学的小村镇，它们分布在浩渺的白色世界，装点着这神秘的大陆。

人类在征服南极的进程中，是有一定的外部条件作为保证的，谁若忽视了这一点也是不科学的，必然要受到大自然的惩罚。从1902年斯科特在麦克默多建立第一个考察站——斯科特窝棚，到1957～1958年国际地球物理年期间掀起的纷纷南进以广设基地的热潮，目前人类在南极已设立了50多个常年考察站和100多个夏季站。这些考察站，尤其是常年考察站日趋科学、配套齐全，正朝着现代化城镇方向迈进。

// 第一节　南极考察站就是一座微型城镇

在南极，各国考察站都具有独立性，有功能完善的各种设施，在没有任何外援的情况下，考察站最少能保证20名考察队员生存15个月。目前各国在南极的考察站，基本包括如下几大系统：房屋建筑系统（生活起居、办公、科研、发电、仓储等），供电系统（微型城镇的"心脏"），供排水系统（生活、实验），通信系统（保障与外界的沟通和联系），条件保障系统（饮食供给、车辆、船舶、飞机等），科研系统（高度自动化、现代化），余热利用系统（节约能源），垃圾处理系统（保护南极环境所需）等。也可以说，南极是一个"麻雀虽小、五脏俱全"的微型城镇。在这个城镇上的所有系统，都具有其独特的、不可替代的功能。

经过30多年的不懈努力，中山站的建设获得了突飞猛进的发展，成为集生活、环保、医疗、观测、科研、后勤保证于一体的大城镇。更为了不起的是，它还是昆仑站和泰山站的中转基地，对我国的南极考察发挥了巨大的作用。

更可喜的是，中山站是被科技部批准的第一批"国家野外科学观测研究站"，是我国重要的极地科学综合观测基地之一，也是南极科学考察的大枢纽。

▶ 用于观测极光和电离层的独特的六角楼（马靖凯摄影）

▶ 中山站用于常规气象观测的气象栋（马靖凯摄影）

▶ 用于中高层大气观测的激光雷达观测栋（马靖凯摄影）

▶ 高频雷达大气等离子体对流速度观测场（马靖凯摄影）

▶ 北斗导航卫星系统（BDS）及全球定位系统（GPS）观测栋（马婧凯摄影）

▶ 地磁电离层宇宙射线观测栋（马靖凯摄影）

▶ 准备前往昆仑站的队伍和整装待发的车队（乔刚摄影）

// 第二节　房屋建筑系统

微型城镇的第一个重要组成部分是房屋建筑系统。在南极建造房屋，首先需要考虑的就是抗风与防止雪埋。为解决抗风与防止雪埋就要采取以下措施。

首先，地基要牢固。在南极建房子不仅地基要深，而且底面积要大，酷寒和时间紧迫要求水泥必须是速凝的。

▶ 1米左右的深度和宽度的地基（高振生摄影）

其次，整体结构要坚固。主要是指主体的钢结构要坚固，这种结构可以采用外露或内藏两种形式设计。外露式设计，即钢结构裸露在保温墙体的外侧，这种方式对钢结构的材质、耐低温性能要求较严。内藏式设计，即钢结构在保温墙体的里边，这样做的目的是降低工程造价、增强保温效果。

再次，受风面积要小。受风面积指的是房子设计的高度、长度既要体现民族特点，又要考虑到拟建站地区的风速、风向。房子设计高了当然很舒服，但抗风能力就会差些；房子设计矮了，队员生活在其中就会感到压抑。受风

▶ 错落有致的水泥基础（高振生摄影）

▶ 固定在水泥基础上的钢框架（高振生摄影）

面积要小，还要考虑到窗口尺寸的大小，窗口尺寸大了，对玻璃强度的要求就高，同时要考虑到不能有"哈气"出现。这些都要求减少受风面积。

最后，要采用高架式建筑。南极风大、积雪多，大风加雪一夜之间就可以将房子统统埋掉。20世纪50年代，美国在东南极的威尔克斯地建立的考察站，由于建筑形式和地形选择不当，现在已经被埋在了地下。为了防止被雪埋，根据风的物理特性，需要把房屋抬高，与地面保持一定的距离，这样房子的上下都有了风道，房子就再也不会被埋起来了。有的国家的考察站由于考察工作的需要，又没有办法避开逐年增高的积雪，只好在设计时就把房子的"腿"设计成可升高、可调节的结构。

南极的房屋建筑系统，解决了抗风与防止雪埋仅仅是第一步，更重要的还有保温和阻燃。南极给人类带来的最大威胁除了风就是酷寒。要想安营扎寨，定居南极，就要解决房子的保温问题。也许有人会说，把房子的墙壁加厚，保温效果就一定好，这似乎有一定的道理。对此，居住在我国东北部的居民最有发言权，因为他们深有体会，无论是用砖还是水泥，墙体再厚，也会冻透。墙体本身就是一座"冷桥"，这就是东北地区建有火墙、夹壁墙的原因。

在南极建房子，解决保温问题的最大障碍就是"冷桥"。"冷桥"，就是不能有一颗螺栓从屋里直接通到屋外。由于室内外温度相差悬殊，有这样一颗螺栓存在，不但会使室内急剧降温，还会结出"冰花"，然后又可以融成滴水。经过各国科学家的努力，目前在南极较为通用的是尼龙螺栓和夹心饼干式的墙板。这种尼龙螺栓也不是完全由非金属材料制造，根据当地的环境和强度的要求，中心还要有一定强度的金属。夹心饼干式墙板的内外均采用薄钢板，中间采用聚氨酯发泡，其优点是：钢板与聚氨酯发泡之间粘接牢固，提高了墙板的抗弯曲度和抗拉强度。聚氨酯发的每一个小泡都是球形闭孔的形式，打个比方，如果用针扎破一个小空心球，水不会进入其他空心球中。

▶ 在国内已经做好了的聚氨酯发泡和保温板（高振生摄影）

在解决保温问题的同时，科研人员还就防火问题进行了实验。南极是世界上降水量最少的地区，有"白色沙漠"之称，一旦失火，后果不可想象。人们都知道聚氨酯发泡物本身就是易燃的，这就要求制造商在生产过程中必须加入一定量的阻燃剂，使之既不影响质量，又能达到阻燃的目的。我国自己设计生产的这种夹心饼干式的墙板，经过实践检验，效果非常明显，即使用明火助燃聚氨酯发泡物，当助燃物体一离开，聚氨酯发泡物就会立即熄灭，也有人称之为"自熄式"。

// 第三节　供电系统是考察站的"心脏"

微型城镇的"心脏"应该说是供电系统。就像在一座城市中一样，一旦断电，人们的生产、生活将面临诸多的不便。在南极村更是这样，有了电，考察队员取暖就有了热源；有了电，考察队员就可以与外界沟通和联系；有了电，考察队员就可以架设起各种仪器，探索自然界的奥秘和进行科学实验。换句话说，有了电，就可以保证整个南极村正常运转。那么，发电机的选择就需要人有广泛的知识和信息作基础，否则后果不堪设想。与供电系统紧密相连的还有一个余热利用系统。这个系统全部使用的是发电机的余热，要不然这些热气就白白排放了。为了充分利用这些余热，就要研制高效的热交换器，通过热交换器使水温提高到 60 ～ 70℃，既可保证 24 小时供给各生活区洗澡和其他生活用水，又能使站区的下水管道经常有热水冲刷而不会被冻结。

▸ 发电机组和余热利用系统（高振生摄影）

// 第四节　供排水系统是考察站的"血液"

　　城市的供排水系统是一个很庞大且运行复杂的系统，供排水系统在南极低温的环境下能够运行就显得更复杂。首先从取水开始，就要设计多种方法。一种方法是采用冰雪融水，在考察站一般都建有挡雪墙，用来多收集一些雪以备融化使用。另一种方法就是取冰化水，考察站都建有冰雪融水池，里边设有加热设备。在南极采用最多的方式是利用附近的湖水，即从冰冻的淡水湖中取水。将潜水泵放到不可能结冰的深度，以防万一还要在保温管道上安上加热设备，确保万无一失。其他管道也必须是经过保温处理的，冷水被送到发电房内还必须建有无水塔供水设备，以保证向站区各栋建筑供应冷水和热水。排水系统除了要有严格的保温措施，用以防止冻结和发生堵塞外，还要建有一套污水净化处理设备，以防止污染南极环境，因为南极是世界上唯一没有被污染的大陆。为保护南极环境，我们必须按照《南极条约》的规定，将不能排放的垃圾送到站上配备的焚烧炉中进行焚烧，剩余的固体部分要装箱运回国内。

▷ 中山站的上水系统（曹涛摄影）

▷ 中山站的垃圾焚烧系统（孟凡昌摄影）

// 第五节　通信系统是考察站的"千里眼"和"顺风耳"

　　遥远、寂寞、孤独的南极，没有电视转播（早期的考察站），没有商场，如果再没有现代化的通信系统，那将是不可想象的。

　　考察站建站初期，人员能够与国内联系上并进行沟通，主要是靠短波电台，考虑到特殊情况又购买了当年最先进的海事卫星系统，其被考察队员亲切地称为科学的"千里眼"和"顺风耳"，不仅为身居南极的考察队员架起了一道希望的彩虹，也为科学考察和研究插上了翅膀。在站上只需十几秒钟，就可以与世界各地进行联系。根据规定，考察队员可以定期和家人通话；为了科学研究的需要，考察站之间还可以通过图文传真进行数据和资料交换，考察站还可以和国内进行资料校对与传递，这些都为更快、更准确地进行科学考察打下了基础。

▶ 海事卫星通信天线（高振生摄影）

随着科学技术的飞速发展，考察站已经安装上了卫星地面站，不仅可以传输音频和视频信号，还建有微信网络，考察队员可以随时上网，发短信，还可以视频聊天，极大地缩短了通信距离，人与人之间的联系更方便了。

▷ 用于上网及传输音频、视频信号的卫星地面站（马靖凯摄影）

// 第六节　条件保障系统是考察站的"灵魂"

人们常说：兵马不动，粮草先行。

孙子的这一用兵之术，似乎并不能囊括南极考察队的全部内涵，却给了考察队以有益的启示：兵要精；马（船舶等设备）要强；服装要御寒；食品要齐全；住的房子不仅要坚固，而且要保温；交通工具要适合在极地使用。

不能有丝毫的偏颇，任何疏忽都可能使这支队伍溃于蚁穴。服装、饮食和生活，直接关系到人的作用的发挥和潜能的激发。

服装是南极考察队员在南极生活、工作的必需品。南极特殊的自然环境，对人的服装要求特别高。那么南极服装都有什么要求呢？仅就羽绒服来说，对面料要求就特别高。首先要求羽绒服的面料不仅具有很好的透气性，还要有很强的抗风性能；不仅要有很好的透湿性，还要有很好的保暖性能。也许有人认为这与一般的衣服没有什么不同。这话有一定的道理，但实际上并不这么简单。用一句通俗的话来说，起码是质地不同。

比如，为了保暖，人们就会穿得很厚，而且裹得严严实实。试想，在南极穿这样厚重的衣服能便于行走和外出考察吗？如果在南极穿由一般面料做成的羽绒服，狂风一吹，队员的感觉就像穿着背心、短裤一样。这种面料虽透气性好，但抗风性能极差。也许有人会说，为了防风雪干脆穿上雨衣、雨裤不就得了。如果是这样，人体散发出的热量就会聚集在雨衣、雨裤的内侧，队员一旦停下休息，很快就会冻得发抖。如果睡着了，甚至有被冻死的危险。这绝不是危言耸听，历史上是有不少先例的。因此，仅透气和抗风来说，就是一对矛盾，透气性好了，就不可能抵御南极的寒风；透湿性好了，保暖性就会差。打个比方，理想的服装面料最好能像人的皮肤一样，具有功能性就好了。如何解决这些矛盾，以使面料趋于理想化，是一个很难的问题。

1984 年初，国家南极考察委员会向纺织工业部提出了研制南极服装面料的课题，很快就被列为 1984 年的重大科研项目，由上海纺织科学院承担。在时间紧、任务重、标准高的情况下，他们成立了专门的攻关小组，最终完成了面料研制任务。

经过在极地实际使用，纺织工业部组织专家鉴定，一致认为制作羽绒服的这种面料质地柔软、重量轻、保暖性好，面料的强度、透气性、透湿性、防水性能指标与日本同类产品十分接近，其中撕破强度、纯弯曲度和保暖率指标均优于日本产品。这种面料由高密棉经与涤纶低弹长丝纬交织工艺织成，具有较好的防风雪性能，又能防止羽绒逸出，外观色泽鲜艳，手感滑爽，适合在极地使用。这项研究成果填补了我国的一项空白。

我国去南极的考察队员在服装配备上基于的原则是：轻便、保暖、经济、实用。我国给考察队员发放的物品主要有：羽绒服、羽绒背心、夏季考察服、工作服、风衣、运动服、衬衫、皮鞋、运动鞋、雪地鞋、水靴、越冬靴、线袜、袜套、鞋垫、毛绒帽、皮帽、皮手套、墨镜、风镜等。

▶ 前往昆仑站时在中途休息的考察队员（任山摄影）

考察队员在南极吃什么？这是很多人非常关心的问题，也是很多青少年朋友向考察队员询问最多的问题之一。这在某种意义上也说明了南极饮食的难度和重要性。

按照我们传统的饮食习惯，除主食以五谷杂粮为主外，最重要的就要算副食了，这是蛋白质、维生素的主要来源。在副食中，肉、蛋、禽类倒好说，也好保管，难就难在蔬菜的保存上。去南极的考察船在短短30多天的航行中，要经过四季，船上的蔬菜库容量又有一定的限制，因此，仅靠船上带大量的新鲜蔬菜，甚至还要储备考察站上1年多的新鲜蔬菜，是不太可能的。不要说容量有限，就是容量无限也不可能，因为新鲜蔬菜的保质期是有限的。稍加说明，读者可能就会领略到蔬菜保存的难度了。考察船从青岛或上海启航，一般在深秋季节，此时大白菜正值上市旺季，装上几千斤、几万斤是没问题的。可是船行走七天左右，就到了中国南海，逐渐接近赤道，夏季也就来临了。为了防止蔬菜烂掉，就要一棵一棵地晾晒。可是你想过白菜本身的"内部热量"吗？它会发芽，会从里往外烂……七八天变换一个季节，还没到南极，几万斤白菜就烂没了。更何况到了南极以后，上百人的人员要在那里生活两个多月，还有越冬的队员要在南极生活1年，船也还要花1个月左右的时间才能返回祖国……几个月甚至1年不吃蔬菜的后果是可想而知的。因此，蔬菜对考察队员的重要性不言而喻。那么，我国南极考察队是怎样解决南极饮食的一系列问题的呢？

考察站上的食物主要有四类。一类是便于保存的肉、蛋、禽类和水产品，一类是速冻类食品，一类是罐头食品，一类是现场加工的副食。总的原则是：易于保存，易于加工，维生素含量丰富，蛋白质含量高且脂肪含量低，包装考究且质量好。

根据这些要求，第一类是肉、蛋、禽类和水产品，要根据食品的烹饪特点，在国内先进行初步加工。比如，肉类要切成肉丁、肉丝、肉片、大排、小排等，并用塑料袋包装；禽类和水产品类要洗净，去除内脏；内脏食品要分门别类包装好……这一切都是为了便于直接入锅烹饪，目的是减轻劳动强度，节约时间，减少考察站的垃圾和废物。因为站上炊事人员极少，一日三餐甚至四餐是忙不过来的。

第二类是速冻类食品，主要是指速冻蔬菜和部分主食。根据各国食品研究的成果，速冻蔬菜不会破坏维生素的含量，因此成了各国南极考察站上蔬菜的主要来源。我国的南极考察站食用的速冻蔬菜主要有扁豆、冬瓜、黄瓜、菜花、茄子等，速冻主食主要有饺子、馄饨、小笼包、咖喱米饭等。这些速冻蔬菜和主食既解决了在南极的急需，又节约了大量时间，而且减轻了炊事人员的劳动强度，因而备受欢迎。

第三类是罐头食品。主要包括三部分。一部分是熟肉、禽、水产品，比如肉、鸡、鱼罐头，当然也包括一部分软包装食品，如烧鸡、烤鱼等；一部分是水果罐头，如菠萝、橘子、梨、杨梅罐头等；一部分是蔬菜罐头，如竹笋、马蹄、青豆罐头等。从某种程度上说，罐头食品不太受欢迎，但它易于保存，有时为了以防万一或者调剂一下生活，还是必须要有一定数量的罐头储备的。不容忽视的是，调味品中的大葱、姜等也是不能少的，国内有的厂家生产出的软包装的干燥葱、干姜片和其他脱水蔬菜等，都为解决这些问题提供了方便。从某种意义上说，南极考察站上的生活就像在家里一样，什么都少不了。

第四类是现场加工食品。比如在主食的筹备中就有五谷杂粮，必然包括绿豆、黄豆，有了这两样东西，在考察站上就可以培植出绿豆芽、黄豆芽，加工出豆浆，制作出豆腐。但是千万不要忘记带上"盐卤"。说起这件事，不得不提及一项"发明"。在我国南极长城站刚建成不久，越冬队员想要吃豆腐，可到哪里去弄"盐卤"呢？一位队员灵机一动，试着用海水"点"成了豆腐，从此传为佳话。

在南极长城站和中山站都设有大小不等的蔬菜大棚。这些大棚可不是一般的蔬菜大棚，其不仅能抗风和保温，更主要的是还包含着很多"高科技"。有能自动控制的灌溉系统和温度湿度自动调节系统，通过计算机的控制，发光二极管（LED）植物生长灯可以根据蔬菜的生长情况，自动调整照明时间的长短。同时，为了保证房间的湿度不低于70%，加湿系统还能自动喷洒水雾，自动灌溉系统每间隔一个小时就会向水槽内注入营养液，可以说在这样的环境下，蔬菜自然可以正常生长。别小看这些大棚，其每年的产量可是不低呢！每年都会有数百千克的产量，既有一定的观赏性，还给考察队员提供了一定的蔬菜，保障了队员的身体健康。也可以说，既能解馋又可以尝鲜。

▶ 位于长城站的蔬菜房（张林摄影）

▶ 中山站利用连廊建设的蔬菜房（孟凡昌摄影）

▶ 长城站产的西红柿（张林摄影）

▶ 长城站产的西瓜（张林摄影）

▶ 长城站产的南瓜（张林摄影）

▶ 中山站蔬菜房一角（孟凡昌摄影）

总之，从服装到饮食，我国在南极独特的生活保障体系逐步形成，保障了考察队员的御寒、保暖、安全、健康及低温下的热量需求，为我国更深入地进行科学考察奠定了坚实的基础。

南极独特的地理环境，决定了在南极使用的各种仪器、设备的特殊性。比如交通工具，各国都投入了很大的精力进行研制。南极积雪厚，面积广，普通轮式车辆根本无法在上面行走。因此，很多国家研究、制造出适用于在高低崎岖且冰雪覆盖的南极使用的车辆。这种车辆适于 –50℃的低温环境，钢材不变形、不脆裂，启动迅速，在低气压下功率损耗小，其履带足有 1.5 米宽，增大了与地面的接触面积，减小了压强，提高了拖载能力。

在南极，大型运输飞机已被广泛地采用。不同的是，它的"脚"并不是轮子，而是铁鞋，就像滑雪板一样，接触地面的部分用耐低温、坚硬的塑料制成，目的是便于飞机的滑落和升空。运输飞机的广泛采用，为南极的后勤补给、人员更换、航空遥感测量以及其他科学考察提供了极为快捷的服务。

▶ 雪地车（高振生摄影）

▶ 小雪地拖带车（任山摄影）

▶ 考察队使用的直升机（任山摄影）

　　健全的生活设施是保证考察人员在南极更好地工作和生活的基础。各国考察站越来越朝舒适、实用、方便的方向发展。越冬队员要在南极生活 1 年以上，所以考察站的宿舍一般都比较宽敞，一人一间。为了调剂生活，丰富业余生活，各国的考察站都设有图书阅览室、健身房、医务室等，其中健身房配备了杠铃、双杠、划船器、健身车、综合体育器械、台球桌、乒乓球台等体育设施。有的考察站利用餐厅当放映室，丰富考察队员的精神生活。为了满足考察队员的通信需要，以及世界上众多集邮者的集邮需要，各国考察站都设有实质性或象征性的邮局。较大型的考察站还有酒吧、小商店、室内篮球场等。总之，健全的生活设施，不仅保障了考察人员的身心健康，而且为他们在南极更好地完成科学考察奠定了基础。因此说，条件保障系统的方方面面都是十分重要的。

▶ 中山站会议室（任山摄影）

▶ 中山站餐厅（孟凡昌摄影）

▶ 中山站体育馆（孟凡昌摄影）

在考察站上这些舒适的宿舍、宽敞的文体楼、设施齐全的科研栋，在温暖如春的室内，不仅考察队员的生活所需得以保证，科学研究的项目也得以永续不断。我国的考察站都经历了几年甚至近 40 年的考验，如同一座座丰碑矗立在南极的冰天雪地之上。

南极村，小吗？可能是小了点儿，人又少了点儿，但小小的南极村，功能比得上一个中等城镇，生活在南极的考察队员们，利用完整和现代化的设施，为科学考察创造着奇迹，为人类和平利用南极做出了贡献。

南极村，令人向往。

▶ 南极景色（金蓉供图）

第九章

怎样在南极生活？

　　近40年来，每年的考察船要离开中山站与越冬队员告别的时候，都会用传统的方式，长鸣笛3分钟。那声音划破夜空、撕裂狂风，震撼着每一个人的心魄，没有哪一个七尺男儿止得住眼泪哗哗地流。留下的考察队员还要在那里生活400天左右。这就是越冬。

▶ 度夏队员和越冬队员分别的那一刻（胡冀援绘画，高振生供图）

▶ 挥泪告别越冬队队员（程艳丽绘画）

第一节　走过南极的冬天

南极的夏季被称为黄金季节，一般来说持续两到三个月不等。从某种意义上也说明，夏季是南极最繁忙的季节，自然也是人数最多的季节。人多自然就热闹，在某种程度上冲淡了人们的想家之情。然而，当大批度夏队员撤离的一刹那，一种寂寞感难免从每位越冬队员的心中油然而生。因为，在今后的一年中，这种热火朝天的热闹场面就会很少见了。摆在每位越冬队员面前的是白昼渐渐缩短，取而代之的是寒冷且漫长的极夜，令人恐惧且凶猛的暴风雪，寂寞且难熬的、万籁俱寂的冬季。尤其是在中山站首次建成还不是很完善的情况下，要度过第一个冬季，对留下来的考察队员来说是一个极大的考验。

记得歌曲《大海航行靠舵手》中有这样两句歌词：鱼儿离不开水呀，瓜儿离不开秧……试想，人们在日常生活中离开了太阳会怎样？在南极生活的考察队员要度过 2 到 6 个月不等的漆黑如墨的日子，他们都有什么感受呢？

▶ 极夜前的日不落就要远去了（李航摄影）

　　每当和在南极越过冬的队员谈起越冬的感受时，他们都感慨万千，或绘声绘色，或饱含激情，或表达收获颇丰……但令他们至今心有余悸的是风。他们共同的体会是："冷是静的，风是动的，而且随时都磨刀霍霍地威胁着南极人！"是啊！寒冷并不可怕，它的变化是逐渐的、静静的、有规律的，无非是多穿点衣服，零下四十几摄氏度又何妨呢！然而风却是动的，说刮就刮，骤起大风不足为奇，很多国家的考察队员在南极丧生，大多数是风的缘故。因此，南极的风被称为"杀人的风"。

　　风不仅能杀人，还会吓人。吓得人坐立不安，吓得人彻夜难眠，吓得人会惊慌失措地跑进队友的房间，进而大家集中到一个大房间里，似乎只有这样才能得以放松……这样的描述丝毫不过分。记得中山站建成后，第一次越冬时，有一天就出现了 45 米／秒以上的大风，大家不约而同地从各自的房间来到生活办公栋的大餐厅，相互依偎在一起，静静地等待着。只觉得整个楼房就像打摆子一样一刻不停地震颤，而且时间长，长得整夜如此，比起地震来有过之而无不及。金属的扭曲声、风的呼啸声、雪打在玻璃上的撞击声，真是令人毛骨悚然，总让人觉得风随时都有可能把整栋楼房吹散刮走的危险。餐厅内的队友们整夜都这样坐在一起，面面相觑。一旦风雪过去，大家才大舒一口气，确信了我们考察站的设计是科学合理的，是能经受得住南极的狂风暴雪的洗礼的。

　　静，也能够"杀人"。乍听起来似乎有些令人不可思议，答案却是肯定的。或许你会感到有些难以理解，可你是否有过这样的体会，就是在人多的地方待长了，脑子里乱哄哄的，总想找个僻静的场所小憩一下，或闭目养神，或安静一会儿。假若让你一个人住在一座大楼里，你会有什么感觉呢？再进一步说，让你一个人住在一个村镇里呢？住在一座孤岛上呢？各国在南极的考察站上有的房子里就住着一两个人。没有风的时候，夜深人静之际，一个人躺在床上仰望顶棚，这时所产生的某种心理上的压迫感，会让人很难受，一种孤独感会随之而来，而且不是一天两天，在南极越冬一般都不少于一年。

有一个国家的南极考察队员由于不堪忍受这种"静"，后来精神失常了。因此，在某种意义上说，静也会"杀人"。

极夜期间的时间全靠钟表来区分，就寝、工作都按作息时间表来执行。漆黑、漫长的黑夜笼罩着大地，也笼罩着每位越冬队员的心。这种暗无天日的生活使人心情烦躁、坐立不安，既无食欲又无睡意……是因为在南极没有熙熙攘攘、比肩接踵、人如潮涌的街道？是因为好长时间没有挤公共汽车上下班？还是因为这里没有货币交易市场？是因为思念亲人、思念家乡？总之，这期间是南极越冬队员最难熬的阶段。三十多年了，我国有很多人曾两次或者个别人曾三四次在南极越过冬。由于我国在选择队员上严格把关，注重对其性格的考核，所以都没有发生过什么问题。有的国家的队员在南极越冬期间还会产生某种生理或心理问题。因此，各国在选择考察队员时，都有一条不成文的规定，即要求人心胸宽广、性格开朗、脾气温和、乐观向上。情感脆弱、心胸狭窄、心情沉郁的人是难以度过这漫漫极夜的。为了能够从理论到实践上拿出可靠的证据，我国的医学工作者走在了世界前列，北京大学派出了有丰富实践经验和较高理论水平的心理学、生理学教授薛祚纮亲临现场，他既是队员又是科研人员，负责跟踪监测每位考察队员在不同时期的反应能

▶ 中山站上空的极光（刘杨摄影）

力、记忆能力、思维能力以及身体各器官的变化，探讨人类在南极的生活对人类自身的影响。

尽管南极的自然环境如此残酷，我国的南极考察越冬队员在连续几十年的越冬生活中，却从没有出现过任何意外事故和人身伤亡。他们不仅战胜了大自然，也战胜了自我，以坚韧不拔的意志，顽强地探索着大自然的奥秘。他们是怎样工作的呢？下面就摘取几朵"小花"，以飨读者。

尽管每位越冬队员都度过了紧张、繁忙、令人疲惫不堪的夏季，但是他们并没有沉溺于对度夏队员、对家乡父老乡亲的思念之中，也没有喘口气、好好睡上两天的想法。因为他们深知"变化快、来势猛"是极地气候的最大特点，任何的疏忽，都可能使来之不易的成功毁于一旦。他们再一次认真检查科考仪器和设备的运转是否正常，紧张而有序地整理着度夏期间的场地、工具，把各栋房子之间和气象观测场等经常行走的地方拉上绳索。大家千万别小看这根绳索，它被各国的考察队员亲切地称为"救命绳"。在南极越冬的每位队员，都知道这样一件事：有一位日本同行，在相距50米的两栋房子之间行走时，因没有系安全绳而被大风刮走，3年以后才找到其尸体。

在做好越冬一切准备的同时，还要认真学习站上的管理规定和各岗位值班守则及安全注意事项。这段时间被越冬队员称为打基础的阶段，也是能否顺利越冬的关键。

随之而来的就是越冬生活的"马拉松"阶段。之所以称为"马拉松"阶段，主要是因为白天日渐变短，黑夜日渐变长，而且这种情况要持续长达8个月左右，一切工作都不能有丝毫的停顿与松懈。比如发电，虽然有好几个发电机组，但只要有些微疏忽，片刻的停电都会造成很多自动记录的仪器断电，使记录中断，有的甚至失去研究价值，带来极大的损失，一年的心血就会付之东流。如果停电时间长了，后果更不堪设想，取暖、做饭、通信乃至生命都会受到威胁。就科学考察研究的项目来说，有可能失去一个千载难逢的机会。比如太阳峰年的观测和研究是国际联合观测的一个组成部分，是按照我国峰年联测机构统一要求设立的课题。1990～1992年是太阳活动出现的第22次高峰年，太阳在此期间活跃异常，将会释放大量的能量，透过茫茫宇宙进入地球，影响大气环流和人类生存环境。长城站和中山站是极有利于观测太阳活动的场所，因为在地球的两极地区，电离层、磁层、大气层对太阳活动都极为敏感，我国的科学工作者就是根据这些来探索大自然的奥秘的。可以说，在这"马拉松"的静悄悄的世界中，没有坚韧不拔的意志就不可能做到在一年的记录中一分一秒都不缺。这仅仅是第一步，因为我国的科学工作者并不满足于单纯地观测和记录，在漫长的极夜中，他们还把这些记录加以整理与分析，提出初步认识并达到预期成果，有的完成了博士、硕士学位论文答辩的准备，有的数据报告还达到了出版水平。

气象工作人员每天除了坚持观测，整理观测资料，将它们输入计算机中，还要将其按时报给世界气象中心。他们不仅要把每月的气象资料整理好报回国内，还要做出中短期的天气预报，以保证站上人员外出的安全，以及撰写研究成果等。除了站上设置自动记录的风速仪、地温仪、气温仪外，根据规范还要进行野外实测。这是非常艰苦且难度很大的一项工作，难就难在在1天24小时中每6小时就要目测一次，无论刮风下雪都必须按国际标准时进行目测。一般来说，气象观测场按规范应建在四周空旷、地势略高的地方。在中山站，气象观测场距气象房不足30米，当狂风肆虐，大雪封门，门都难以打开，积雪从2米、3米逐渐加厚的时候，气象工作者没有退缩半步，他们合力用肩顶开门，系好安全绳，拿着手电，艰难地爬到一个个百叶箱，他们要付出多大的艰辛啊！尤其是积雪太厚，淹没了百叶箱，他们还要用铁锹挖开积雪，即使是12级以上的飓风肆虐，他们也没有提前或推迟目测的时间，确保了测量数据的准确与完整。就是秉承着这样一种做事一丝不苟的精神，气象工作人员在一年中一直没有出现过漏测的记录，每天将这些实测的记录编制成气象电报，经澳大利亚在南极的戴维斯站发往世界气象中心，为全世界人类服务。

▶ 科研人员在释放探空气球（孟凡昌摄影）

　　在中山站，由于特殊的要求，有的考察项目，往往需要远离站区进行，像固体潮、地磁研究等。负责这些项目的仅有一个人，按站上的规定必须两人同行，不同的课题、共同的使命将他们紧紧地连在一起。无论是风雪严寒还是漆黑如墨的夜晚，他们相互帮助，每天共同走完这段艰难的路程。可以毫不夸张地说，有时不是在走，而是在爬行。因为有的地段积雪达4米多厚，表面又很松软，人走在上面时积雪总是要在齐腰深的部位，实在是太困难了，还不如爬行方便。

　　冰川考察项目，是需要集体行动才能完成的。它不仅需要大型雪地车、发电机、钻机、导航定位设备、后勤保障系统等的支持，还需要有良好的天气保证。冰川考察一般都要深入冰盖数十千米，所有人员要在野外宿营。也

就是说，一个小小的南极村的人，还要分出一半单过，仅工作量就增加了 1
倍，更不用说有多少危险和困难在威胁着外出的队员。可以这样说，"爱国、
求实、创新、拼搏"的"南极精神"体现在南极科考的方方面面。在中国几
十年的南极冰川考察史上，从没有出过人命关天的事故，但也少不了有惊、
有险，幸而结果是安然无恙。

▶ 在冰盖上打钻的冰川学家（任山摄影）

极夜的后期，当见到太阳光的时候，队员们的精神面貌焕然一新。偶尔，
还聊发出天真和冲动，在太阳明媚、无风的日子，他们利用外出考察的间隙
相约把衣服和鞋袜全部脱掉，每人仅穿一条短裤赤脚在雪地上嬉戏、摔跤并
合影留念。

▶ 野外宿营（考察队供图）

▶ 冰钓的越冬队员（马靖凯摄影）

　　在这既广袤无垠又非常小的南极村中，有这样一批兢兢业业、勤勤恳恳的科学工作者和后勤保障人员。他们在高空大气物理、宇宙噪声、哨声接收、电离层探测、甚低频接收、太阳辐射、极区短波场强、大气电场、重力、磁力等的观测和研究中都取得了一大批科研成果，走上了南极科学论坛的讲台。

　　这一切成绩的背后，是无数考察队员辛勤的劳作、艰辛的汗水。

　　在南极走过冬天的人，冰雪世界在他们一生中都是难以忘怀的，他们无论是在思想、道德、情操还是在专业技术上都得到了一次净化、升华、洗礼和提高。

　　中山站建成后，在还不甚完善的情况下，为了保证上下水管道畅通，在山坡上建了一个临时厕所，实际上就是一个四下透风的棚子。这一年中山站平均8级以上的大风和零下四十多摄氏度的天气超过了150多天，就凭这一年上厕所的经历，后来人还不佩服他们吗？首次越冬的队员真是功臣，他们接受了暴风雪的洗礼，度过了漆黑的极夜，经受住了蔬菜奇缺的一年，出色地完成了各自的科学考察任务。

在考察站的纪念室里，每一次的越冬队都留有一张集体照和名单。然而首次在中山站越冬的20人，由于当时的条件限制，仅仅留下了一块牌子。队长是高钦泉，队员有王自磐、张京生、姜春洲、李德成、刘广东、陈秋常、崔健、刘玉民、孙建顺、李钊荣、钱平、陶祖源、姜廷元、姜德中、逯昌贵、肖卫群、李德顺、赵海祥、李

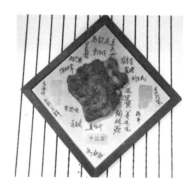

▷ 首次在南极大陆越冬的英雄们的手签字
（高振生供图）

林林。南极中山站有一个纪念室，保留下了这块牌子。

我找了很多当年的考察队员，终于找到了一张他们的合影，我们真的应该记住他们，他们是真正的英雄。

▷ 中国南极中山站落成典礼时 20 位越冬队员的合影（高振生供图）

// 第二节　南极"奥运会"

南极，陆地面积为1400万平方千米，95%的陆地被冰雪覆盖，那里没有土著居民，难道还会有奥运会比赛？说起来，大家难以置信，可事实上在南极举行的体育比赛也称得上是世界级的比赛了。

在南极分布着100多个夏季考察站和50多个常年考察站。尤其是这些常年考察站就像一座座村庄，在那里生活着一批批的南极考察队员。每个国家又都非常重视这些南极人的身体健康，尤其在南极随时都要与天斗，与地斗，与恶劣的自然环境斗，没有好的身体怎么行呢？另外，在这小小的南极村里，如果不进行体育锻炼，不发福才怪呢！

因此，各国在设计考察站时，都预留了一定的场地，配备了必要的体育器械。有的国家在南极的考察站设有体育俱乐部，有的设有健身房，还有的是停直升机的机库就兼室内足球场。我国在南极的长城站和中山站，专门设有文体娱乐楼，里边有篮球场、乒乓球室、台球室、棋艺室、电子游艺室、电影厅、录像厅、综合体育器械室等。我国的考察队员在南极的体育活动也是有达标要求的。这个要求是在规定的时间必须参加，自动延长时间不限。比如，站上利用跑步健身器开展中山站—北京象征性长跑活动，规定每天每人跑多少千米就必须完成。跑步器上有里程表，旁边有登记本。再比如，利用健身自行车横穿南极，利用划船器环南极洲绕行等，这都要求每位队员必须达标。晚饭后在规定的锻炼时间里，整个文体娱乐楼充满着勃勃生机。有的在练习双杠，有的在通过综合推举、拉力器练习臂力，有的在举哑铃，有的在打乒乓球……队员们还充分利用极夜没有到来前和极夜即将结束后的好天气，集体进行室外运动。比如，在站区附近有天然湖泊，在冰上面练习滑冰是无须担心的，冰面既光滑又结实，让人绝无如履薄冰之感，人可以在其上自由驰骋。高山滑雪同样是一种享受，扛上滑雪板，迎着清新洁净的空气，飞驰在空旷的场地上，令人心旷神怡，别有一番情趣。

▶ 定时定距离地骑行锻炼（汤妙昌摄影）

所有这些体育项目，不仅是为了锻炼身体，还要经常"出国"参加"奥运会比赛"。比如，每年长城站都要举行几次8个国家都派人参加的乒乓球邀请赛，不仅有团体项目，还有单项比赛。乒乓球项目颇为发达的中国，在南极的"奥运会比赛"中，无论比赛多少次，团体冠军的桂冠从没易过手。

▶ 进行乒乓球比赛的中国长城站队和苏联（俄）进步站队（高振生摄影）

如果足球比赛仅取前三名的话，中国南极考察队足球队就只能是名落孙山了。尽管如此，中国的考察队员从没有放弃参加比赛。在南极这荒无人烟的地方，胜负只是暂时的，友谊却是常存的。中山站上的考察队员经常应邀与苏联（俄）进步站足球队比赛。比赛地点一般是选在"第三国"的场地上，这是一个没有长、宽标准的足球场场地，可以说这是世界上最大的足球场。选一块相对平整的冰面，找几根棍子当球门，没有边线和端线，无所谓出界，其他规则按裁判的标准执行。随着清脆的哨声吹响，一场激烈的角逐就开始了。两国队员那认真的神色，毫无伪饰和造作；尽管每个人的口中呼出的都是长长的哈气，胡子、眉毛上都结了白霜，但队员们丝毫不松懈，个个竞争意识都很强；尽管他们的身姿显得有些笨拙、不协调，甚至跑了半个多小时还有好几个人没踢着球，但大家浑身上下充满了搏击的智慧……在这平坦无砥、松如地毯的球场上奔波、拼抢不同样体现着奥林匹克精神吗？

▶ 队员在踢球，图中箭头所指处是球门（赵勇摄影）

在南极，很多比赛项目恐怕连奥运会都很难采纳，因为都是因地制宜、随意而起的，比如游泳。记得 1985 年中国南极长城站建成后，有人说：别看天气这么冷，水温一定比空气温度高，要是游泳的话一定不会感到冷！说者无心，听者却跃跃欲试。三四个人你拉着我，我拽着你，走向了冰湖。经过

10 分钟的畅游，寒意被驱散，个个笑呵呵地更换衣服。1987 年当第三次南极考察队准备撤离长城站之前，一位曾目睹 1985 年游泳场面的老队员平祖庆，也许是要弥补自己上次没有下水的遗憾，在他的提议下，七八个人相约下水，包括香港的李乐诗女士，在皑皑白雪的映衬下，他们在冰湖中畅游了十几分钟。上岸后和穿羽绒衣裤的队员们以白雪湖水为背景合影留念，这是多么富有诗情画意和充满浪漫主义色彩的场景啊！可以说，没有勇敢的精神是难以做到这点的。他们为紧张的极地生活点缀着轻松、惬意的气氛。看来，在南极游泳比的不是姿势和速度，而是胆量和意志。

▶ 队员游泳后上岸（高振生摄影）

可以这样说，在南极游泳不是中国南极考察队员的发明。久负盛名的是新西兰在南极阿蒙森－斯科特站的范达湖露天浴场，湖边竖立着一块"新西兰皇家范达湖游泳俱乐部"的标牌，并且注明，凡在此游泳者，即为最勇敢的人，均可得到该俱乐部颁发的一枚奖章以资纪念，并可在留言簿上填写上自己的国籍和名字。

该湖多少有些神秘色彩，湖心冰厚数米，湖边的水面碧绿清澈，湖底的水温达二十多摄氏度，也许有人认为与该地区频繁的火山活动有关，实际上是因为冰层晶莹剔透，其将所接收的太阳能传递给湖水，冰层又防止了热量的散发，使湖水水温保持着一定的温度。

　　在这个考察站上相约游泳的那天，全体队员都要参加，男女无一例外，大家跳进冰湖，接受纯洁的沐浴和洗礼，这一约定俗成一直延续至今。

　　1983年应新西兰南极局的邀请，我国去南极阿蒙森－斯科特站工作的是"全国三八红旗手"、著名地质学家李华梅——她也是我国第一位登上南极的女性。在出国前领导曾就范达湖的"规定"和她打过招呼，让其有所准备。

　　一天，阿蒙森－斯科特站上的全体人员纷纷来到范达湖畔，男士们无所顾忌早已入水，新西兰的两位女博士生随后跳下，日本的一位女士亦被感召下了水，和李华梅同行的还有一位中国男子，两人面面相觑，无疑，对接受这个挑战心有余悸的是李华梅，同行的男子在期待着她的抉择。是急中生智，还是形势逼人？只见李华梅迅速脱下羽绒衣裤、夏季考察服、毛衣裤……一头扎进了冰冷刺骨的湖水中……当她与同行的男子笑吟吟地上岸后，好像忘却了什么是寒冷，也不再顾忌别人穿什么，自己穿什么，得意地在留言簿上用英文写下了"中国第一个妇女——李华梅"，并当场接受了一枚由"新西兰皇家范达湖游泳俱乐部"负责人颁发的奖章。黄河的儿女在这旷古冰原上，用自己的实际行动和勇敢，展示着征服南极的决心和毅力。

▶ 李华梅女士在新西兰考察站范达湖附近（高振生供图）

美国在南极点的阿蒙森－斯科特站前，竖立着一座带有金属球的碑。它既是这个站的象征，又是南极点的象征，同时也是这个站考察人员的体育俱乐部的标志。凡要加入这个体育俱乐部的人，必须在站上的芬兰桑拿浴进行"洗礼"，然后，不穿衣服在零下七十多摄氏度的这个标志碑前，来回跑 100 米，方能被录取为这个体育俱乐部的正式成员……

丰富多彩、名目繁多的体育项目，不仅充实着极地考察者在极地寂寞的生活，还增进了各国考察队员之间的友谊。

这些在南极考察站上存在着的体育俱乐部、健身房、文体娱乐楼、足球场、"游泳池"，以及经常性的"奥运会比赛"，不正是一支活跃在南极的奥运大军吗？

▶ 智利考察站组织的乔治王岛上的拔河比赛（张林摄影）

▶ 南极长城站队员参加俄罗斯别林斯高晋站组织的马拉松比赛（张林摄影）

▶ 台球比赛（汤妙昌摄影）

▷ 掰手腕比赛（汤妙昌摄影）

▷ 中山站和俄罗斯别林斯高晋站的排球比赛（马靖凯摄影）

// 第三节　南极的节日

　　人人都有这样的体会，离家久了就会想家。出国以后呢？人不仅会想家，还增加了思国的情感。那种感情和思念，是在国内体验不到的，并且不知要强烈多少倍。考察站建成前几年，南极没有电视，没有报纸，没有熙熙攘攘的街道，没有比肩接踵的人群，站在空旷无垠的冰原上，人就会感到仿佛置身于一个博大、宽广的空间，实实在在地感受到一种难以言表的孤单，就像离开了人间一样。在那种情况下，一个人会更加体会到人与人之间的友情是多么珍贵。

　　寂寞、孤独往往是精神上的乌云，尤其是要在南极生活一年以上，这里不仅有日不落的白昼，还有永不亮的极夜，让人怎能不遥望北方，寄情于蓝天呢！

　　因此，在南极的整个考察活动中，组织者都要利用一切机会和可能，是节就过，是生日就过，而且是大家一起过，为的就是营造一种和谐的氛围，增进人与人之间的感情，提高全体考察队员履艰历难的凝聚力，帮助大家把寂寞、想家的念头降到最低程度。在中国南极考察队里，最重视、最令人难忘的就是这些节日了。

　　春节，是中国最隆重、最具传统特色的节日，家家都要团聚，人人都要串门。那么，远离祖国的考察队员在南极是怎样度过春节的呢？

　　记得 1988 年春节的前一天，中山站第一栋房子刚盖好，摄制组美工杨泽明就写下了"迎春"二字，两旁衬以灯形的红纸，上边写着"恭贺新春"。崭新的餐厅里洋溢着欢乐祥和的气氛，全体队员就像一家人一样围坐在一起。队长郭琨首先致辞，他说："这是一个由中国人在南极创造出奇迹的春节，22

天冰原没有困倒我们，冰崩也没有使我们倾覆，这是每一位队员的拼搏换来的。在这里，请允许我敬大家三杯酒。第一杯酒，感谢大家的拼搏和奉献。第二杯酒，感谢同志们的父老、妻子和儿女为我国的南极考察事业所付出的辛劳。第三杯酒，感谢祖国和人民的关怀……"说着说着，他的眼里就流下了激动的泪水。随之队员们的眼睛也湿润了，这时，晚会主持人张国立采取了"紧急刹车"，他笑嘻嘻地说："大过年的……"紧接着表演艺术家金乃千的一首诗朗诵拉开了春节文艺晚会的帷幕：

> ……祖国想、人民盼，暖流滚滚涌心田。
>
> 龙蛇交替春节到，南极赤子喜泪涟。
>
> 中山站前朝北望，遥向祖国拜大年。
>
> 祖国亲人放心吧，寒去春来定凯旋。

那声如洪钟的声音、那饱含爱国之心的情感、那为人师表的内在气质，让很多在国内都没有机会欣赏过金老师表演的队员为之震撼，金老师的诗朗诵激励着大家。队员们纷纷要求考察队的记者"庞老头"（庞一农老师平时和蔼可亲、平易近人，大家都亲切地称他"庞老头"）把这首诗传回中央电视台，通过中央电视台的春节联欢晚会，向全国人民拜年，向父老乡亲们拜年。只见他不慌不忙地说："要等你们这些小鬼提醒，我这58岁算白活，记者也就早该撤了！"接着就是一阵哄笑声。席间炊事员端上来饺子，大家一边吃着饺子，一边欣赏着文艺节目，那种喜悦之情是以往任何一个春节都无法比拟的。大家毛遂自荐登台献艺，或插科打诨，或举荐贤人，或妙语欢歌……总之，每位队员似乎都使出浑身解数，排忧逗乐，令人开怀大笑……置身其中，一切疲乏劳累、一切忧愁，仿佛都消失殆尽了。

当除夕的新年钟声即将敲响的时候，一首《南极考察队之歌》响彻极地上空：

> 在狂暴的风雪中，
>
> 我们听见了祖国的呼唤。

为队员过生日（汤妙昌摄影）

"雪龙"号上过春节（一）（张斌键摄影）

"雪龙"号上过春节（二）（张斌键摄影）

在艰险的征途上，

我们看见了亲人的笑脸。

重任在肩，希望在前……

这首歌，唱出了南极人特有的磅礴气势，唱出了"南极精神"的实质；这声音，冲出餐厅，飘荡在千古冰原之上。北京时间零点，大家涌向室外，跑到冰海边，开始燃放烟花爆竹，跳起自编的舞蹈。考察队员们用独具中国特色的晚宴和文艺晚会送走了1988年农历的最后一天，迎来了1989年新春的第一天。

在国务院召开的除夕团拜会上，在国务院领导与南极考察站的通话中，在中央电视台的春节联欢晚会上，在中央人民广播电台、全国各大报刊上，祖国和人民都没有忘记这些奋斗在南极一线的人。

金乃千老师又一次声情并茂地朗诵了一首诗，这首诗道出了大家的心声：

……南极来了群欢乐的人，精神振奋，点石成金。

白色的地，红色的心，冰雪的世界，飘扬我们中国魂。

春节之际，正值南极的夏季，是考察队一年中人数最多的时候，也是这个小小的南极村最热闹的时候。最具南极特色的仲冬节，正值南极的冬季，又是一年中考察队人数最少的时候，考察队员们又是怎样庆祝仲冬节的呢？

仲冬节——这是世界其他地区没有的一个节日，是伴随着人类涉足南极、各国在南极设有常年考察站后形成的一个约定成俗的节日。仲冬节定于6月21日，是专属于所有生活在南极的考察队员的节日，因此有人说这是南极人的专有节日。由于这一天正好是北半球的夏至，而南半球则是冬至，过了这一天，南极也像南半球其他地区一样，黑夜将与日递减，白天将与日俱增，这就是确定这一天为仲冬节的原因之一。无疑，这一天预示着一年中最黑暗、最难熬、最困难的时期即将过去，光明就在眼前。用考察队员的话说就是，有盼头了！因为最难熬的极夜将要过去了，从6月22日开始，每天将有一定时间的阳光照射到南极，各国在南极的考察队员要把这一天作为盛大节日进行庆祝。

　　每当这个节日将要来临时，南极村的各个"村长"，都要通过电波互发贺电。两站距离近的，就相互发出邀请，约定好时间。每个"村子"里都要张灯结彩精心布置一番，准备好演出的服装、道具，还要准备好各种点心和礼品等。

　　这一天，也是各国考察队员最繁忙的一天，每个人都要精心梳洗打扮一番，换上崭新的服装，准备好节目，带上礼品，备好车辆，或者滑雪代步，从清晨就按约定路线开始了"大出国"、"大串门"和真正的"吃四方"。天气寒冷、漆黑一片都无所谓，走了这"家"，串那"家"；吃了这"国"，吃那"国"。这一天的高潮是各个考察站的队员相约集中到最后到达的一个考察站进行大联欢。

　　应该说中国南极长城站地区的仲冬节，是南极最热闹的仲冬节。因为乔治王岛上8个国家的考察站，相距都不是很远，人员很容易在此集聚起来。以智利的马尔什基地和苏联的别林斯高晋站为最大。智利站还建有机场，可以起降大型运输机；建有南极"居民村"；还有婴儿在那里出生。苏联的别林斯高晋站也有其特点和民族风格，房屋一般都比较高大，设施比较齐全，有足够的活动空间。因此，最后一站就选在了苏联的别林斯高晋站。

　　晚会开始后，东道主的站长首先致辞，向各位来宾表示热烈的欢迎。然后是其他考察站的站长分别发表简短的即席讲话，接着就是文艺节目表演。东道主早已准备好的拿手戏纷纷亮相，席间穿插一些各国的精品节目。最叫好的是智利的女子小合唱，每一首唱毕，都会引来一阵热烈的掌声和各种语言的叫好声及"再来一个"的欢呼声，各种声音此起彼伏。这个小合唱引发了晚会的第一个高潮，直到最终她们真没有歌曲可唱了，大家才算罢休。

▶ 仲冬节，中国、俄罗斯和印度考察站的队员相聚海冰上进行烧烤（马靖凯摄影）

▶ 中国中山站、俄罗斯别林斯高晋站的队员相聚在印度考察站（马靖凯摄影）

▸ 仲冬节时，各考察站相聚要求人员必须穿民族服装（张林摄影）

▸ 表演节目的智利费雷站的队员和家属（张林摄影）

▸ 表演节目的智利站的儿童（张林摄影）

第二个高潮就是要求中国的考察队员表演中国功夫，"功夫"二字，国外考察队员都能用中文说出来。的确，中国的武术名扬海外，再加上有些武术大师早已蜚声世界，所以餐厅里高喊"China 功夫"的呼声一浪高过一浪。非常巧合的是，考察队里有时还真有能应付这场面的队员。记得有位队员平时在北京遍访名师，天天习武，此时还真派上了用场。只见他练了几下子以后，便朝着一位自愿接受理疗的俄罗斯队员发力。毕后，这位俄罗斯队员还真伸伸胳膊，扭扭腰，接着伸出了大拇指，直向"大师"行礼、致谢。

晚会上，英文歌曲、西班牙舞蹈、俄罗斯魔术、朝鲜民歌纷纷登场，也不管观众是否听得懂、看得明白，反正图的就是个热闹。后来一首《莫斯科郊外的晚上》的乐曲和独唱，引起了大家的共鸣，各国的考察队员不由自主地和着乐曲，用不同的语言唱了起来，还有的队员在乐曲声中跳起了欢快的舞蹈……

晚会的最后一个节目是到室外燃放烟花，一时间，极夜的冰山雪地被绚丽多彩的礼花照得分外妖

▶ 节日的礼花（高振生供图）

艳。伴随着音乐声，各国队员翩翩起舞，不同肤色的表演者、不同风格的舞蹈……在这里浑然一体，所有人都忘我地陶醉在这欢乐的气氛中……

对远离人迹的南极，各国的元首都没有忘记他们，每年的仲冬节，他们都会收到很多国家元首和政府首脑的电报与电话。1994 年 6 月 20 日，中华人民共和国国家主席江泽民，在给各国南极考察队员的电报中写道：

在你们欢度仲冬节的时候，我谨代表中国政府和中国人民，并以我个人

的名义，向在漫长极夜中忘我奋斗的科学家和工程技术人员致以亲切的慰问，并祝你们仲冬节快乐。

南极，是地球上最后一块保持洪荒本色的大陆。你们高举和平、合作、友好的旗帜，战风雪、斗严寒，不断取得科学考察的进展，为揭开南极大陆的奥秘，保护全球生态环境，促进人类社会的共同繁荣与进步，做出了巨大贡献。

借此机会，我向为探索、研究、保护南极做出成绩的各国考察队员致敬。

十一亿中国人民祝贺你们已经取得的丰硕成果，期待着你们为人类和平利用南极做出更大贡献。

我祝你们越冬顺利，事业成功。[①]

这些电报和电话，又赋予了这欢快的节日更深层的含义，国家领导人的祝贺及全国人民的慰问，深深地铭刻在每位考察队员的心上，激励着他们在南极这块冰海雪原上更加努力地工作，不断创造新的奇迹。

▶ 友邻站的朋友参加中国的国庆节酒会（马靖凯摄影）

① 江泽民致电慰问南极考察队员．人民日报，1994-06-21：1版．

// 第四节　南极人的礼物

　　从南极返回之际，可以带哪些纪念品或者礼物呢？实在是少得可怜。过去我在给青少年做关于南极的讲座后，他们都多少感到有些遗憾，认为要是有点实物就好了。没有别的办法，我只好提前让他们看录像。可有时同学们还会提出来："那你怎么不带只企鹅呢？"还有的说："我最喜欢企鹅了！"可这些都是不可能的。我国的南极考察队非常重视《南极条约》以及南极有关公约的教育，并且严格遵照执行。中国从第三次南极考察开始，就在船上创办了一张小报——《极地之声》，曾在 1992 年 11 月 16 日出版的《极地之声》的头版头条刊登了一条非常醒目的文章：关于南极动植物和环境保护的"六不得"。这篇文章以极其精练的语言，高度概括了《南极条约》体系的有关规定：一是不得为非科学目的在南极采集动植物和风棱石样品；二是不得在苔藓床、地衣茂密地区上行走和行车；三是不得虐待（逗戏、追逐、恫吓）海豹、企鹅、飞鸟等一切动物；四是不得在无中国政府准捕证的情况下，捕杀海豹、企鹅和鸟类，不得捡蛋；五是不得随地丢弃包装材料、烟头和其他任何垃圾，应将上述物品全部带回站，由站处理系统统一处理；六是未经批准不得随意进入南极特别保护区和特别科学兴趣地点。

　　从这些规定中可以看出，我国历次考察队都非常重视《南极条约》以及有关公约的教育，因此从南极返回就不太可能带回什么礼品，有时候队员就只好拿考察队发的帽子、纪念章馈赠亲朋好友，可这些东西的数量又是极其有限的。

　　那什么是南极人的礼物呢？

　　一枚小小的南极邮票、一个纪念信封、一个从南极实际寄出的信封，就成了很多人追求的目标。对集邮爱好者来说，其吸引力更不可低估。

▶ 中国邮票总公司发行的首次南极考察纪念封（高振生供图）

集邮是很多人感兴趣和爱好的项目，在南极考察队员中，本没有那么多真正的集邮爱好者，他们或者是受人之托代为盖章或代买，大多数人是在被确定为考察队员后或者是在前往南极的过程中受他人影响或熏陶而成为集邮爱好者的。他们把收集各国的南极邮票和纪念封，变成了一个非常重要的情趣。有的队员收集了各国的南极邮票和纪念封，作为一个专题，还常参加各种集邮展览和比赛呢！

别小看一枚小小的邮票、一个纪念封，它凝结着人类征服南极的历史，展示着人类和平利用南极的决心。

在南极考察站上各国队员的交往中，使用得最频繁、最珍贵的礼品恐怕也要算是南极邮票和明信片了。

每次从南极返回国内，往往有很多亲朋好友向考察队员索要南极邮票和明信片，甚至还有很多不相识的集邮爱好者也来索要。大家关心着南极考察队的一举一动，每当报纸上刊登出某位考察队队员的名字和单位后，他们就会写信送上美好的祝愿，当然他们不会忘了最后的请求：请考察队队员寄给他们一个南极信封。

▶ 你们看这些外国友人拿到邮品后多么高兴啊（高振生供图）

▶ 信封不够用，就找贺年卡做纪念（高振生供图）

▶ 中国南极长城站邮政局一角（高振生供图）

南极的邮品，起源于何时，我没有进行过考证。但从有南极常年考察以来，就有了象征性邮局和实质性邮局。

我理解的象征性邮局，就是赴南极的考察船担当运输工具，一般来说，一年只能送一次信，取回一次信，不能完全满足队员的通信需要。

实质性邮局，就是像世界上各国的邮局一样，能够担当起定期寄信、邮寄包裹的任务，考察队员能够经常收到信件和寄出邮品。

中国的南极邮政史，是在中国南极考察过程中形成的。

1984年，邮电部以邮政字171号文件，同意建立中国南极长城站邮政局，以长城站落成作为邮政局成立日期，以中国南极考察队"向阳红10号"返航之日作为邮政局停办日期，并委托国家南极考察委员会代办邮政业务。

为此，邮电部制作了两种邮戳：一种邮戳直径为31.25毫米，为机器加盖；另一种邮戳直径为30.5毫米，为手工加盖。

两种红色纪念邮戳上的字分别为"1984.12.30中国首次南极考察队登陆纪念"和"1985.2.20中国南极长城站建成纪念"，亦由邮电部制作。

1985年，邮电部邮政总局以邮政字92号文规定：中国南极长城站邮政局是上海市邮政局国际邮件互换局的一部分，上海市邮政局国际邮件互换局与中国南极长城站邮政局间的航空邮包，由智利邮政部门中转，开通此邮路后，办理航空信函和集邮业务，并由邮电部邮政总局委派上海邮政局的杨金炳先

▶ 从南极寄回国内的纪念封（高振生供图）

生担任中国南极长城站邮政局局长，确定国内与中国南极长城站之间在 1985
年 11 月 15 日实现首次航空通邮，邮局试办期为 4 个月左右，并刻制了中、
英文的邮戳。

这也是中国在南极第一次设立的实质性的邮局。

从 1986 年以后，每一次的考察队都会有象征性邮局的业务。

1988 年邮电部邮政字 153 号文件的主要内容包括：委托中国南极考察队
开办临时邮局的协议、中国南极中山站邮戳使用管理办法，并刻有邮戳一枚，
即 "中国南极中山站 1989.2.28 ～ 3.8"。与之配套的还有胶皮垫、油墨、邮局
名牌等。这个邮局的建立可以说是中国有史以来设在世界最南端的邮局了。

中国首次东南极考察暨中山站建站纪念信封，上有考察队总指挥陈德鸿，队长郭琨，
副队长高钦泉、高振生的签名（高振生供图）

最令人感兴趣的是邮局提供了绘有孙中山先生肖像的邮票，它的意义是
可以与中山站称谓相协调，一经盖销中山站邮局的邮政日戳，价值和意义就
不同寻常。我们每位获此邮票的队员，无不对邮政总局给予的特殊关照怀有
衷心的谢意。考察队员十分看重中山站邮政局的设立，有了中山站邮政局的
邮戳，就有了富有纪念意义的、成为世界各国集邮爱好者所认可的集邮品，
可以珍藏，也可以将其赠送亲友。

需要指出的是，中国首次东南极考察队提前建成了中山站，并且提前撤离，因此邮局真正的营业时间仅一天，即 1989 年 2 月 26 日。这也是由无法抗拒的南极恶劣的自然环境造成的，同时也说明人类征服南极的有限性。

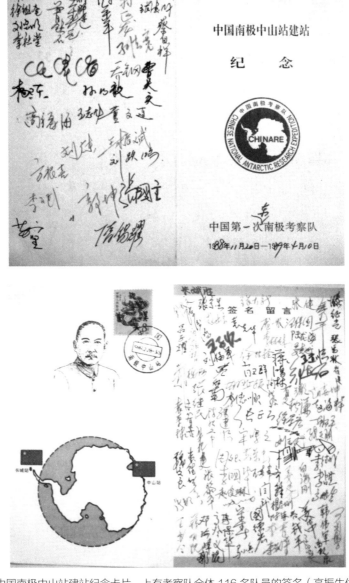

▶ 中国南极中山站建站纪念卡片，上有考察队全体 116 名队员的签名（高振生供图）

　　非常有趣的是，如果考察队是乘飞机或是乘考察船去南极，只要队员落脚的地方有邮局，他们就把邮戳盖到那里。

　　我见过队员们利用中国第三次南极考察和环球航行考察的机会，为了给一枚枚信封加盖一个个的邮戳所付出的心血和汗水。比如"极地"号计划 10 点钟起航，而青岛邮局 8 点开门，队员一大早就赶到邮局去盖起航的日戳，然后乘出租车赶到船上。当考察船到达预定的港口——智利的瓦尔帕莱索后，他们第一件事就是打听邮局在哪里。为了少花钱，多盖几个信封，就买最便宜的邮票（不买邮票不给盖章），贴好后再和邮政工作人员交涉，说明情况，即不邮寄，只盖章，直到满载而归。考察船意外停靠蓬塔阿雷纳斯港，又一次给纪念封盖章带来了机遇，队员不厌其烦，再一次买最便宜的邮票，贴好后再和邮政工作人员交涉，说明情况，即不邮寄，只盖章。后来到长城站，到新加坡，一直到返回青岛，就这样走一路盖一路。有的队员还聊以自慰地说：这一枚枚的信封也在环球啊！还有的队员说：如果让这些信封也交船票的话，恐怕就没多少人买得起了。

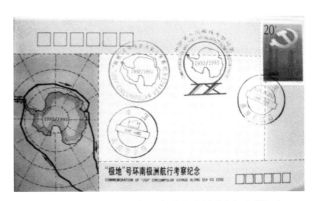

▶ "极地"号环南极洲航行考察纪念封（高振生供图）

　　你是否也觉得这样一个个实际旅行的信封，其意义早已超出了其本身的价值？作为礼物，这一个个信封的厚重程度已不可言喻。

　　更重要的是，无论何时看到这些信封，考察队员都会回忆起那段美好且珍贵的日子。

第十章

南极在向你招手

// 第一节　你想成为一名南极考察队员吗？

　　寒凝大地的冰雪、凛冽刺骨的暴风、壮观无比的冰山、变化无常的极光、憨态可掬的动物……充满着种种神秘色彩和神奇魅力的白色世界，吸引着无数探险者和科考者。他们勾勒着南极神秘莫测的风采，思考着它言说不尽的内涵，畅想着它沧海桑田的演变……可以说，千里冰封、万里雪飘的极地是科学考察工作者纵横驰骋的广阔天地。

　　或许，这些都会让你对极地产生浓厚的兴趣，或许你会立下鸿鹄之志，一定要到南极去考察。那么，如何才能成为一名极地考察队员呢？考察队员又是如何在极地生活和工作的呢？

　　要成为极地考察队员，首先要通过选拔关。各国极地考察队员特别是南极考察队员主要由两类人员组成：一是从事科学考察和研究的人员，二是为科学考察和研究提供后勤保障的人员。科学考察和研究人员，主要是根据国家的考察研究年度计划和长远规划，由课题承担单位或团体推荐，基本上都来自科研机构或大学。后勤保障人员主要包括队长、管理员、厨师、医生，以及通信、水暖、机械等方面的人员。各国选拔极地考察队员的方法各有特点，但大体上都是通过承担任务单位推荐、极地主管部门考核确定这样的程序。很多国家都曾通过自愿报名、公开考试的方式招聘队员。

　　南极自然环境极其恶劣，考察队员必须具备一定的条件。因此，各国政府或民间组织对于选拔队员都十分慎重，要求的条件都有明确且严格的标准，其共同点有以下几个方面：第一，考察队员必须热爱南极考察事业，志愿为南极考察研究服务，甚至不惜献出自己的生命；第二，必须具有严格的组织纪律性；第三，要有健康的体魄，能吃苦耐劳；第四，性格开朗，能团结同事；第五，在专业技术全面，具有独立完成所承担考察任务的能力。

近些年，我国组队前对特殊人员也曾多次通过报纸、电视、电台进行宣传，提出考察队需要的专业和技术标准，采取自愿报名、公开考试的方式招聘队员。无论采用哪种形式，考察队员的条件都不是上述简单的这几条。这些都是对赴南极考察的队员最基本的要求，对总体素质的考核和选拔是十分严格的。应该说，各国所公布的南极考察队员的条件，基本都相差无几。但细细询问起来，又有很多言说不尽的内涵。

中国南极考察队员手册

国家南极考察委员会

一九八八年八月

▷《中国南极考察队员手册》封面
（高振生供图）

比如，要求极地考察队员性格开朗，能团结同事。这一条在南极就显得十分突出，至关重要。封闭在与世隔绝的白色世界里生活，给人一种孤独、单调的感觉，人们的生理、心理都会发生一定程度的变化。科学研究表明，不同性格的人对环境的忍耐程度、承受能力是不同的。一个性格不开朗的人，其承受能力是有限的。在世界南极考察史上就曾发生过这样的事情：有个国家的一名越冬队员忍受不了冬季恶劣的自然环境，发生急剧的心理变化，竟偷开飞机企图跑回国，终因不太会驾驶飞机，险些折戟冰海，幸好降落在一块浮冰上，才免于机毁人亡。还有一个案例是：国外一名考察队员由于性格内向，整天苦思冥想，经受不住枯燥、单调生活的磨砺，每每向站长提出的就是想提前回国。出于绝望，某一天竟然用汽油点燃了整个站区……这些惨痛的教训，都被各国引以为戒。因此，要求极地考察队员性格开朗、虚怀若谷、忍耐能力极强，已成为选拔和考核队员的一条非常重要的标准。

当今，世界各国在选拔南极考察队员时，都把热爱南极事业，并不惜为此献出生命作为重要的标准，这是非常必要的。因为在南极考察的历史上，发生过无数次人身伤亡事故。许多国家的考察站上都有数量不等的墓地，记录了那些为南极事业献身的人的辉煌业绩。尽管现代科学技术可以基本保证队员的安全，但仍有不测风云的降临，事故仍然时有发生。因此，许多国家要求考察队员在去南极之前要到司法机关办理"遗嘱"。

我国的极地考察队员管理规定中也有类似的条款：极地考察人员的人身保险，由极地考察办公室统一办理。极地人员的伤残、死亡抚恤金由各派出单位负责，按国家有关规定执行。符合烈士标准的按民政部有关规定报批。符合人身保险有关赔偿条款的，则由极地考察办公室负责联系赔偿事宜。

预选的队员在基本条件都相同的情况下，各国都十分重视优先选拔那些一专多能的人作为预备队员。这主要是因为各国在南极的考察站容量有限，每增加一名队员都要相应增加很高的费用，因此一专多能的人更具有竞争能力。我在南极多次交往的苏联工程师瓦西里就是这样一个一专多能的人。他大学毕业后一直从事南极事业，在南极生活的时间累计达 14 年。他不仅能操作、驾驶各种设备和车辆，还能修理和排除各种设备的故障，只要他在站上，站长就放心了。因此，苏联在南极的所有考察站都留下了他的身影。随着时代的发展，高科技仪器设备不断产生，自动化程度不断提高，这就要求考察队员有驾驭多种仪器的能力，这样也就节省了人力、物力。具备这样条件的人就具有更高的竞争力，就容易成为一名预备队员。随着现代社会分工越来越细，一专多能的人员更抢手，比如，考察站上的炊事员只会做面食或只会炒菜就很难入选，站上需要的是全能型炊事员。

// 第二节 转为正式队员要进行实战训练

从前文所述，我们可以初步感受到选拔南极考察队员条件的严格了，那么，怎样才能从一名预备队员成为一名正式队员呢？这时就要通过实战训练了。就是在国内寻找类似南极环境和条件的地方进行冬季训练（简称冬训），让调选的预备队员在实践中接受考察和检验。

冬训的目的，是使队员初步适应南极恶劣的自然环境，掌握在极区生存和行动的技能，通过冬训广泛的接触和了解，最后确定正式队员。目前从事南极科学考察的国家大都在自己的国家建有训练基地，要求所有预选的队员无一例外地参加训练。

我国南极考察队员的训练基地，建在黑龙江省尚志市的亚布力滑雪场。该基地建有1970平方米的队员训练楼，可供60名考察队员使用。基地设有教室、餐厅、仓库，拥有各种滑雪板及其他训练器材。训练基地有纳入国家编制的职工和技术人员，负责接待和安排队员的生活和训练。

▶ 建在黑龙江亚布力的中国南极考察训练基地（高振生供图）

▶ 在中国南极考察训练
基地前（高振生供图）

冬训的课程涉及在南极环境下生活的各个方面，特别注重对生存技能的训练，如冰雪中宿营、野外就餐、无线通信设备的使用、紧急隐蔽、野外救护等。

首先，要训练队员掌握高山滑雪和越野滑雪的基本功。滑雪在南极这个天然雪场是最常用的代步方式之一，掌握了这项技能，无论外出考察还是观测，就相当于多了一条"腿"。

其次，要训练每位队员，尤其是从事地质、冰川和野外考察的队员学会登山的本领。南极并非一片平地，还有裸露的山，为了进行野外考察，地质工作者少不了要攀悬崖、走峭壁，冰川工作者还要爬冰、卧雪，因此只有熟悉掌握使用登山器材中的冰镐、冰爪、冰锤、结绳等，才能顺利完成在南极的科学考察任务。学习和掌握登山的技能，也为意外掉进冰裂缝的自救打下了坚实的基础。在南极，95%的陆地被冰雪覆盖着，平均厚度达 2300 米，阡陌纵横的冰裂缝，往往被雪覆盖住了，一般用肉眼难以发现。在南极，车辆和行人掉入冰裂缝的事情时有发生，针对这一情况，就要求队员掌握掉进冰缝中的自救、互救技能，学会如何通过绳索挽救车辆。这些训练都是至关重要的。

再次，要训练每位队员掌握野外宿营、避风和求生的技能。考察队员经常需要离开站区数十千米进行野外考察，野外考察的天敌就是狂风，何况南极的天气瞬息万变。这就要求队员在冬训中学习安营扎寨，即架设帐篷、使用煤油打气炉、烧水、做饭。万一在南极遇到狂风暴雪天气无法架设帐篷时，就要先自救，冬训中要学会挖雪掩体，构筑雪沟暂栖其身。为了避免暴风雪后迷失方向，在冬训中，考察队员还要学会使用罗盘。因此，把考察队员的训练基地建在这深山老林之中，有意识地将队员放出数十千米，再让他们按指定时间到指定地点集合。这些适应性的练习，一方面使考察队员消除

了对南极的恐惧感，另一方面让考察队员
学习到了各种野外生存的技能。

　　这些生存技能和模拟南极环境的训练，
既能考察一个人的适应能力、忍耐能力、
应变能力，又能体现一个人的性格。这样
就为能否被确定为正式的极地考察队员提
供了一定的依据。

　　如果有幸被选为去泰山站和昆仑站进
行科学考察的队员的话，极地考察办公室
还要组织队员到西藏自治区登山队羊八井
的训练基地进行高原适应性训练。

▶ 暴风雪来临时挖雪洞躲避的考察队员
（高振生供图）

▶ 准备出发进行行走性训练的考察队员（崔鹏惠摄影）

▶ 训练间隙（崔鹏惠摄影）

　　冬训还增加了队员心理测评环节，用于了解队员的心理倾向，对于队员即将面临的漫长的南极极夜，有针对性地给予必要的指导。

　　通过集训，所有考察队员应该对自己所承担的工作和技能有足够的自信心。每位队员都可能是考察站上唯一拥有某方面技能的人，一旦某一方面的机器出现故障，站上人员就会寄希望于他。所以，每位队员都必须很好地利用冬训提供的机会，在到达南极之前，获得在极地环境下工作和生活的经验，从而建立起一支精干有力、训练有素、团结友爱、富有朝气的队伍。这样很快就可以奔赴南极，踏上激动人心的征程了！

// 第三节　南极在等待你

　　1985 年 2 月，我国正式建立了南极长城站，这一伟大成就鼓舞了正在国内参加"创造杯"活动的全国少年儿童。北京大学附属小学六（二）中队的少先队员在大队辅导员王燕海老师的策划指导下，在4月25日的《中国少年报》上，提出了在南极设立少年标记的倡议，立即得到了全国各地少先队员的热烈响应，很快从全国各地寄来了近600件设计图案。在最后确定的图案中，地球代表中国少年儿童面向世界、面向未来的远大理想；蜿蜒的长城代表我们伟大的祖国；上方的星星火炬代表中国少年先锋队；下方的熊猫和企鹅相聚，代表中国少年儿童对南极的美好向往。纪念标的主设计是朱良跃老师和北京大学附属小学的师生们，纪念标标名由时任国务委员兼国防部部长张爱萍题写。

全国少年儿童的这一美好愿望得到了国家南极考察委员会的大力支持，得到了领导同志的赞扬。

1985年11月5日上午，在北京举行了在南极设立"中国少年纪念标"的交接仪式，200多名少先队员的代表和中国第二次南极考察队的部分队员参加了仪式。共青团中央书记处书记、全国少工委主任李源潮宣布：为表达中国少年儿童对建立南极长城站的纪念和对人类和平利用南极的美好愿望，全国少工委决定在南极长城站设立"中国少年纪念标"。北京大学附属小学的少先队员代表把纪念标转交给中国第二次南极考察队队长高钦泉。高钦泉表示：要把纪念标竖立在长城站即将建成的科学考察楼前最醒目的位置上，还准备在第十四届《南极条约》协商会议上提出，将它作为南极历史纪念物。国家南极考察委员会主任武衡宣布：将邀

▶ 中国少年纪念标（朱良跃摄影）

请两名少先队员在寒假期间去南极参加"中国少年纪念标"揭幕仪式。

> ▶ 矗立在主楼广场前的"中国少年纪念标"（高振生供图）

1986年1月20日，庄严的时刻来到了——翘首以待的"中国少年纪念标"揭幕仪式，终于要在南极洲乔治王岛上的中国南极长城站举行了！

经过一整夜南极雪的素裹，长城站显得更加娇媚无比。长城站插起了彩旗，门前挂起了写有"中国少年纪念标揭幕仪式"的横幅。考察队员都穿上了漂亮的考察服，停下手头的工作，一起来参加揭幕仪式。附近考察站的近50名代表，分别步行、乘直升机和水陆两用坦克来了。智利马尔什基地明星村里的极地居民们，怀抱着婴儿，领着四五岁的小孩也踏雪而来。

> ▶ "中国少年纪念标"揭幕仪式全景（孙国维摄影）

长城站时间正午 12 点，揭幕仪式在中国南极长城站站前隆重举行。中国第二次南极考察队副队长李振培宣布："中国少年纪念标"揭幕仪式现在开始！鲜艳的五星红旗在雄壮的国歌声中冉冉升起，全体中外人士肃立行注目礼。

紧接着，两位少先队员杨海蓝和吴弘在嘹亮的中国少年先锋队队歌《我们是共产主义接班人》声中，将星星火炬的队旗在长城站的上空升起。这也是中国少年先锋队队旗第一次在南极的上空升起。

南极长城站站长高钦泉在讲话中说：代表全体考察队员，祝愿中国少年儿童像南极的海燕一样，在暴风雪中展翅翱翔，茁壮成长，祝愿中国儿童和世界其他各国儿童一起团结合作，携手前进，为人类和平利用南极贡献力量。

▶ 在南极第一次升起的中国少年先锋队队旗（孙国维摄影）

"中国少年纪念标"的建成，充分表达了中国少年儿童对建立长城站的纪念，标志着中国南极考察事业后继有人，兴旺发达。

两位少先队员纷纷表示："南极紧连着全国人民的心，长城站建立在中华民族的双肩上，我们愿化作空中的彩虹，把祖国和南极紧紧相连……"

在一片掌声和锣鼓声中，两位少先队员和两位考察队员揭开了盖在"中国少年纪念标"上的大红幕布。

仪式上，苏联南北极研究所副所长阿·郝赫洛夫、智利站站长赫尔曼等外国友人先后讲话，表示祝贺，并希望中国少年儿童为南极事业与世界和平做出贡献。

▶ 两位少先队员与苏联、智利等考察站站长合影，后排右二为高钦泉站长（孙国维供图）

▶ 揭幕后两位少先队员杨海蓝和吴弘与"中国少年纪念标"合影（孙国维供图）

1986 年 2 月 6 日，满载着南极考察队队员的深情厚谊，在参加了"中国少年纪念标"揭幕仪式后，杨海蓝和吴弘从南极胜利归来。在北京举行了隆重的欢迎大会，有关领导特地打电话祝贺两位少先队员南极之行成功说："你们能代表全国少先队员和小朋友把少年纪念标插上南极大陆，很光荣。纪念标不仅在南极，也应在你们的心里。你们要发扬赴南极考察的勇敢精神，为祖国'四化'建设，攀登科学高峰。"到会的领导接见了他们，首都少先队员给他们戴上了小红花。杨海蓝表示等她长大了要来接我们的班，为了人类和平利用南极做出贡献！

▶ "中国少年纪念标"建立十周年时发行的纪念封（高振生供图）

　　这是世界上唯一由少年儿童在南极设立的标志。30 年后的 2016 年，北京大学附属小学大队辅导员王丽萍老师再次策划发起了"红领巾奔向南极"的活动，以此来纪念设立"中国少年儿童纪念标"30 周年。

　　经过了 30 年南极暴风雨的吹打和洗礼，"中国少年纪念标"已经失去了它原有的色彩和模样，为此王丽萍老师和少先队员们心里五味杂陈，他们感叹大自然真是太无情了。他们留下了一张照片，回国以后奔走呼号，多方面向有关部门汇报。在全国少工委、国家海洋局极地考察办公室、中国极地研究中心、中国科学教育促进会、北京大学附属小学和金台艺术馆的通力合作下，成立了少年纪念标再版制作小组。朱良跃、王丽萍、丁琛多次去金台艺术馆，带着 30 年前的图纸和珍藏的钢板小样，与金台艺术馆的袁熙坤、谭武壮、邓玉阳一起研究复制，最终制作出来的少年纪念标和 30 年前的一模一样。

　　这里有一个小故事，1985 年，王丽萍老师借调到北京史家胡同小学，与当时的大队辅导员郑智学同在一个办公室。那年，他们一同参加了轰轰烈烈的"创造杯"活动，设计了很多有意义的活动。同时，刚刚分配到北京大学附属小学的尹超老师也参与了"创造杯"活动。最后，北京大学附属小学设计的"飞向南极"活动脱颖而出，设想成真，《中国少年报》积极跟踪报道，这让史

▸ 2016 年北京大学附属小学师生与 30 年前设在南极的"中国少年纪念标"合影（刘梦箫摄影）

▸ 北京大学附属小学的同学在长城石前合影（王丽萍摄影）

家胡同小学的郑智学和王丽萍兴奋不已，他们立下决心，以后有机会也要去南极。没想到，2016 年王丽萍在第一次去过南极后，第二年带着新的纪念标重返长城站时巧遇到了郑智学校长，这个梦想在 2017 年终于实现了。

经过一年的精心准备，2017 年，北京大学附属小学的尹超校长和少先队员代表，怀着激动的心情，来到了中国南极长城站。在这次活动中，少先队员了解了神秘的南极，学习了南极的相关知识，还撰写了文章。尤其是，少先队员们为30年前在南极安放的"中国少年纪念标"过了30岁的生日。

更重要的是，他们要把精心制作的新的"中国少年纪念标"安放在原来的位置，留下1.3亿中国少年儿童在南极新的纪念。为此，他们在中国南极长城站前的广场举行了隆重的仪式。"中国少年纪念标"上覆盖着中国少年先锋队队旗，队旗上写满了上千名少先队员和全国各地辅导员的名字。伴随着马格致同学嘹亮的小号，中国少年先锋队队歌《我们是共产主义接班人》响彻长城站上空，由尹超校长、郑智学校长、丁琛秘书长揭开了盖在"中国少年纪念标"上的队旗，露出了崭新的新标志。

▶ 新的"中国少年纪念标"揭幕（王丽萍摄影）

▶ 马格致同学的小号第一次在南极响起（王丽萍供稿）

▶ 参加活动的全体成员在长城站体育馆合影（傅炳伟摄影）

时至今日，一代又一代当年的少先队员，逐步完成了学业，走上了工作岗位，如今他们活跃在祖国的大地上，继承和发扬着"南极精神"，不断为人类和平利用南极而奋斗。南极需要更多的人，希望今天的青少年努力学习科学文化知识，努力锻炼身体，不断把自己锻炼成为有理想、有担当的一代新人。南极在等待着你们！

青少年朋友们，努力吧，南极在等待着你们！

后　记

　　动笔之初雄心勃勃，本想把为祖国开创南极考察事业做出卓越贡献的队友们都写一写，因为是他们当年的无私付出，打下了坚实的基础，才有了南极的今天，"南极精神"才一代一代地得以传承。然而，真正下笔才发现由于时间跨度大，篇幅有限，挂一漏万难免，留下的遗憾太多了。

　　在写作过程中，参考了很多南极考察队友们的著作，像"老南极"郭琨、张继民、高登义等。尤其是使用了很多队友的照片，因为我已退休多年，存在诸多的不方便，在查找摄影者名字时难免会有出入，在此向队友们致歉。

　　在本书完成后，中国科学院院士秦大河，中国工程院院士蒋兴伟、李家彪，队友中国科学院大气物理研究所研究员高登义、国家一级演员张国立为本书颇费笔墨，撰写了推荐语，在此一并感谢！

　　中国海洋大学张弛老师对本书进行了专业内容审读，北京大学附属小学王丽萍老师为本书提供了相关素材的支持，在此表示衷心的感谢。

　　在这里，我要真诚地感谢科学出版社的金蓉编辑，是她给了我信任和机会，本书能否达到当初的设想，能否使读者，特别是青少年了解南极、认识南极、喜欢南极，从而使他们对南极产生浓厚的兴趣，是我最看重的。希望去过南极的队友们有更多更好的作品问世，以弥补我的缺憾。

高振生

2024 年 2 月 16 日